新手父母

U0030042

吃飯超輕鬆 一起BLW吧！

增進手眼協調、感覺統合能力，
強化咀嚼能力，促進牙齒、
顱顏骨生長，降低過敏，
好睡好健康！

適用
6個月
～
3歲

BLW推廣者
兒童牙醫侯侯醫師 **侯政廷**──著

目錄　　CONTENTS

前言　歡迎來到 BLW 的世界

目錄

Part 1　侯侯爸爸的 BLW 寶寶成長之路

Part 2　侯侯醫師：身為醫療人員，為何我支持 BLW ？

CONTENTS

Part
3

**侯侯醫師家
餐桌上的 BLW 實踐分享**

目錄

侯侯醫師解答：照顧者最關心的問題

Part 4

侯侯醫師來解答
關於 BLW 實踐過程中的解惑

營養・消化吸收

用餐習慣

環境・安全

目錄

理念‧執行

CONTENTS

附 錄 **侯侯醫師家庭餐桌**

 **侯侯醫師家庭食譜**

目錄

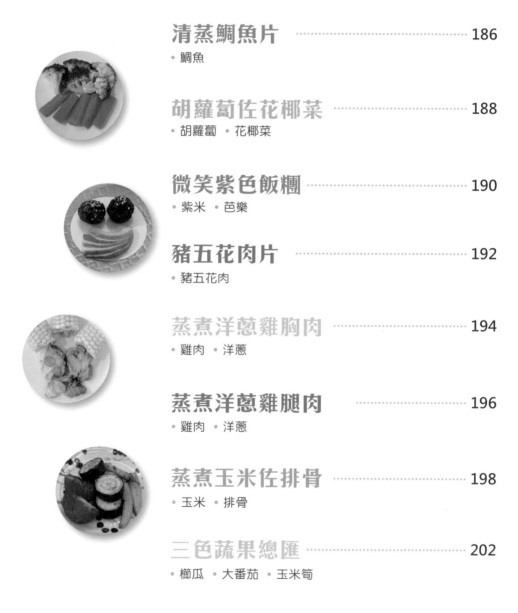

CONTENTS

陪伴孩子，好好吃飯

Bonita ｜陳譯庭營養師‧嬰幼兒副食品專業營養師‧知名寶寶主導式離乳法 BLW 講師

原來寶寶吃副食品，除了傳統餵食，還有其他的選擇。6年前，因為大寶不吃稀飯，開啟我對 BLW 的好奇，當時台灣並沒有自己的 BLW 書籍，只有翻譯書，於是我花了很多時間研究國內外 BLW 的相關資訊，並將 BLW 應用在二寶身上。

面對網路資訊爆炸的年代，要學習並執行一個大家不是這麼熟悉的知識很不容易。寶寶真的可以這樣吃嗎？這樣吃會不會太危險？這樣執行可以嗎？或許在社群上會看到許多不一樣的答案。

身為專業的營養師兼二寶媽，我常常提醒爸爸媽媽，每個孩子都不一樣，副食品怎麼吃？沒有最好的方法，只有最適合，選擇最適合你們全家的。侯侯醫師跟我都是 BLW 的實踐者，我們看到 BLW 對孩子的影響，對家庭的影響，也希望藉由傳遞正確的 BLW 知識，提供新世代爸媽不同的選擇。

本書除了侯侯醫師的實踐分享，也提及現代兒童吃飯常見的現象（如：喜歡含飯、咬不動硬食物等），如何強化寶寶咀嚼能力進而強健顎骨、牙齒、顱顏骨發展，並藉由 BLW 來檢視兒童健康問題。

　　很開心侯侯醫師不僅站在專業兒童牙醫的角度，更是爸爸的角度來分享 BLW。期待有更多的照顧者一起學習 BLW，陪伴孩子，好好吃飯！

傳授父母透過 BLW
促進寶寶全方位發展

黃奇卿｜台灣兒童早期全臉矯正醫學會理事長・台北醫學大學臨床講師・祥齡牙醫診所院長・中華民國美容醫學專科醫師・亞太國際牙醫學院院士

　　迎接新生命的到來總是充滿欣喜與期待。父母對寶寶的未來懷抱著滿滿的憧憬，從懷孕期間開始便積極準備，希望能為孩子提供最佳的起點。我們都期望孩子健康成長，享受最優質和最營養的食物。

　　許多父母可能會發現，即使努力提供最好的食物，寶寶的健康狀況並未如預期改善，反而可能出現更多的健康問題。這時，父母便開始質疑，究竟問題出在哪裡？在我過去的著作中，我探討了 Baby-led Weaning（BLW）對於嬰兒成長的重要性。

　　本書的作者，侯醫師，作為一名兒童牙科專家，深入瞭解早期矯正對孩童健康的影響。侯醫師在臨床實踐中觀察到，從

嬰兒的餵食介入方式到食物的選擇，早期的決定對孩子的長遠發展有著深遠的影響。侯醫師不僅從專業角度，也從個人經歷出發，分享了 BLW 的實踐之旅。他從自己的寶寶餵食經驗出發，克服了種種挑戰，最終證明了 BLW 對孩子帶來的益處。他的經歷不僅寶貴，也為所有父母提供了實用的指南。

本書深入揭示了讓寶寶自主進食的重要性，不僅是為了滿足飢餓感和食慾，更是為了促進寶寶根據自身的需求來決定進食量。這種方法有助於培養寶寶的自主性和感官協調，對於智力和語言能力的發展具有深遠的影響。

侯醫師的書不僅是一本介紹 BLW 的手冊，更是一本幫助父母理解如何透過咀嚼能力的發展來預防口呼吸問題和促進語言能力的指南。這本書將教會父母如何透過 BLW 促進嬰兒的整體發展，避免過敏和智能發展的障礙。我熱烈推薦這本書。

BLW 為家庭帶來歡樂的用餐時光

黃彥鈞 | 職能治療師　黃彥鈞

　　在育兒的路上，我們時常會被種種挑戰所困擾，而一本好書往往能為我們提供寶貴的指引與支持，讓育兒之路變得更加輕鬆和愉快。

　　我第一次聽說 BLW 是在 3 年多前，那時我們的第一個寶寶才剛剛降臨，正值新手爸媽的我和太太總是充滿了好奇與焦慮。某一天，我們偶然看到了侯侯醫師和 7 個月大小湯圓在飯桌上的照片，小湯圓手持一整個大地瓜，自己啃得津津有味！這一幕深深地震撼了我們，也讓我們對 BLW 產生了極大的興趣。

　　侯侯醫師不僅是我們的好友，更是一位經驗豐富的兒童牙醫，他的分享和指導，讓我們家也順利地實施了 BLW 進食法。我們的女兒從 BLW 中受益匪淺，除了培養了她良好的飲食習慣和健康的身體，更重要的是激發了她探索世界的好奇心和勇氣。

對於我們父母來說，BLW 帶來的家庭歡樂和用餐時光更是無價，我們再也不用擔心追著孩子餵飯的煩惱。

這本書不僅仔細介紹了 BLW 的做法和食譜，還深入探討了嬰兒發展和預防疾病過敏等重要議題。而作為兒童感統人士，我特別認同書中對於 BLW 能提供天然感官刺激的強調。

無論您是正在尋找合適的輔食方式，還是希望為孩子帶來更多的感官刺激和探索空間，這本書都將給您帶來啟發和幫助。感謝侯侯醫師的無私分享和指導，願我們一起為孩子的未來努力，讓他們健康、快樂地成長！

寶寶飲食、口腔及身心發展的關鍵入門書

王亦群 | 語言 X 職能 治療師‧博士聽語治療所 語言治療師‧亦口童聲 創辦人‧Kidpro 合作講師‧中華民國口腔肌功能學會理事

　　看完侯侯醫師內容我舉臂振奮、內心十分感動，因為侯侯醫師注意到孩子餵食／飲食與口腔及身心發展的關鍵點。

　　孩子口腔黃金期是 6 ～ 9 個月，這三個月內如果能讓我們的寶寶嘗試進食不同質地食物，則可大幅降低孩子未來口腔敏感、挑食的問題。這本書的內容提到 BLW 對嬰幼兒的影響，跟我在臨床上看到孩子的表現不謀而和，通常來上課的講話慢、口腔肌肉無力、流口水嚴重的孩子，我一定會詢問家長在 baby 時期怎麼吃，答案超過六成都是打成糊糊的用湯匙餵食，因為長輩會當心孩子嗆咳、營養不均衡等。

　　現在，大家可以不用擔心，侯侯醫師在書中會為家長們多自主餵食的迷思一一破解，這是一本寶寶飲食入門工具書哦！

不要怕困難，
跟著我一起做就對了！

致親愛的讀者：

感謝您翻開此書，我是兒童牙醫侯侯醫師（侯政廷牙醫師），在網路上、Facebook、IG、podcast 上，我是個樂於分享兒童牙科衛教知識，也樂於分享親子教養議題的牙醫師。但我還有另一個身分：我是個 BLW 的推廣者，研究推廣資歷已 8 年，我也是個將 BLW 實施在兩個兒子身上的爸爸，至截稿時，資歷已經 3 年多！

BLW，英文全名是 baby led weaning，譯為「寶寶主導式離乳法」，在嬰幼兒有主動抓取能力時，約出生 6 個月即可開始實施。與傳統給副食品的觀念不同，BLW 是訓練寶寶「自己主動吃固體食物」，而非被湯匙餵予泥狀食物，如此可訓練嬰兒的口腔肌肉功能，促進大腦發育、手腦協調性、感覺統合、促進牙齒正常發育。

您也許會問，為何一個牙醫師，還是一個爸爸，會出版一本關於「寶寶如何吃食物」的書？這不應該是營養師，或是一些網紅媽咪來分享的內容嗎？且慢，以下理由，容我細說：

我是個兒童牙科專科醫師

目前全台灣的兒童牙科專科醫師很少數（約莫 500 多名，相較於全台 15000 名牙醫而言）。因為我的身分，我執業 10 年來，已經看過數以萬計的孩童口腔有蛀牙與牙齒長歪等問題，當然孩童嘴巴的問題也牽扯到身體其他器官的健康，如腸胃、鼻子、皮膚、眼睛等，上述問題的都不是父母樂意遇見的，但仔細探究根本，我發現，這些竟然是從寶寶的「飲食問題」開始延伸的（後面章節會詳細說明）！從「兒童牙醫師」的角度來與您分享孩童的飲食，會讓您看到不一樣的世界！

我是個二個兒子都親身實踐 BLW 的爸爸

截稿時大兒子 3 歲，小兒子已滿 1 歲，我清楚感受到執行 BLW 與沒執行 BLW 家庭餐桌氛圍的差異：讓自己孩子 BLW，我非常喜悅、也非常感激，因為這套飲食法不僅讓父母在餐桌上不用餵食小孩，我們還可以充分享受在餐桌聊天、互動的樂趣。

此外，我的大兒子與同年齡的孩子相比，在健康與行為反應上，有很顯著的差異（後面的章節會提到），這讓我又驚又喜！也更讓我確信：推廣 BLW 是正確、幸福的，是為人父母此生不會後悔的決定！

身為父親，我也充分可以同理：有些照顧者想要嘗試 BLW，但卻遇到各種困境，諸如：長輩反對，擔心怕孩子噎到，煩惱小孩亂玩食物、弄髒等，我親身克服了起初執行 BLW 的困難，也克服了各式各樣的餐桌教養議題，現在的我，很樂意跟您分享我所知道的一切。

台灣是個醫療資源發達的國家，許多醫師都會出書、無私推廣健康知識，但目前鮮少有醫師出版關於 BLW 的專門書，或是分享自己孩子 BLW 的親身見證，那就由敝人在下我，成為先驅者，在兼具故事性與醫學論證的這本書裡，讓您徹底明白與放心，並與寶寶一起愉快用餐！

　　若您的孩子是介於 0 ～ 2 歲，非常歡迎您閱讀，因為這正是讓孩子探索 BLW 的黃金階段。若您的孩子介於 3 ～ 8 歲，但仍有困擾的飲食問題、口腔問題、過敏問題，相信閱讀這本書，也會帶給您很多啟發！

大寶—小湯圓 BLW 的第一餐。

小福星爸 BLW 經驗分享

文‧林唐宇 兒科醫師‧龍和診所‧小森林兒科診所

　　身為一位兒科醫師，當家長詢問副食品餵食注意事項時，總會分享這份兒科醫學會的聲明稿（https://www.pediatr.org.tw/people/edu_info.asp?id=50），避免因為不正確的餵食，造成異物梗塞窒息的憾事。

　　在沒有孩子之前，BLW 的餵食方式對於我而言，就僅只為一種可以選擇的餵食方式。直到小福星滿 6 個月大左右，開始嘗試 BLW 的餵食方式，當時可以說是既期待又怕受傷害。記得我和太太每次都戰戰兢兢地務必確保孩子進食時都有符合該有的安全原則。但當看到孩子可以自己選擇面前有興趣的食材，逐漸成功地抓握，到最後順利地放入嘴中時真的很感動。

　　BLW 在台灣現行的環境真的不容易，不論是周遭人的質疑、準備食材、清理飯後的環境等等，但每次孩子 BLW 後的成就感是支持我和太太願意持續嘗試下去的動力。

　　深深感受到 BLW 後的影響是至今發現孩子語言的快速發展、牙齒的萌發與齒列的整齊排列以及至今快 3 歲沒有太多的餵食困難問題。對於即將出生的二寶，我們家也願意將 BLW 當作孩子 6 個月後的餵食方式。

Ellie's Mom BLW 經驗分享

文・Ellie's Mom・小孩 11 個月大

　　我是全職家庭主婦，平時跟家人一起住，爸媽也會幫忙照顧寶寶。

　　自從 Ellie 出生以來，喝奶一直都不是問題，總是咕嚕咕嚕三兩下就把奶喝完。從小就看得出來她對於吃的熱情。

　　懷孕前，我很幸運地已接受到關於 BLW 的資訊，以及聽過身旁好姐妹們的孩子實行 BLW 的好處。因此，從 Ellie 4 個月大吃副食品開始，我便朝著能成功執行 BLW 逐步引導她。從比較好抓的米餅棒開始，先引起她抓食物的興趣，再到地瓜、南瓜、花椰菜等原型食物；我發現實行 BLW 過程中，Ellie 非常享受整個自主進食的過程。

　　即便過程中需要不斷與習慣傳統餵食的長輩們溝通、說明 BLW 益處、不斷清掃環境而感到疲憊。但是，能夠看到女兒心滿意足地享受吃東西的時刻，這成為身為媽媽最大的成就感。

小西瓜媽 BLW 經驗分享

文·10 個月大小西瓜的媽媽

弟弟小西瓜 6 個月大開始給予手指食物，小西瓜對於食物的興趣遠大於他的哥哥（哥哥是傳統餵食長大），看到食物不是先把玩或是捏碎，抓起食物第一個動作就是想盡辦法往嘴裡送，看起來似乎是個小吃貨呢！

關於 BLW 一直是媽媽我很想嘗試但又怕預備不足的育兒清單之一！因為已經有大寶傳統餵食的經歷，所以在二寶出生前我做了一些 BLW 的相關功課。真正實踐時最緊張心跳最快的想必就是主要照顧者，加上有時會跟長輩住一起，長輩都會說：「用餵的不是很方便嗎？也不用清理！哎呀，他這樣吃會嗆到應該很不舒服吧？」

對於一個全職媽媽來說真的想盡力而為，能讓寶寶對自己的人生做選擇，選擇想先拿什麼吃什麼？選擇吃多久？選擇怎麼吃最好吃？等，這個過程是開心的自由探索的過程，每解鎖一種新食物，我的內心真是欣喜若狂，覺得寶寶潛力無窮呀！

直到現在寶寶已經 10 個月大，每天依然實踐自己吃自己選擇，看得出來對各種食物的喜好程度，以及會想盡辦法處理怎麼吃各種食物，不會太擔心食物送進嘴巴就沒有處理或是咀嚼不足就直接吞嚥，他們知道可能會產生作嘔。現在也能啃食蘋果、芭樂、水梨，享受食物最原始的美好。

歡迎來到
BLW 的世界

> # 感謝您繼續閱讀，
> # 歡迎來到 BLW 的世界！

在進入正式的章節前，我想述說一個畫面，這是個真實的親子畫面：

緣起

我記得，某個早晨，我們全家在飯店的餐廳裡用早餐，這是間很棒的飯店，我們帶著昨晚愉快的記憶，吃著眼前的餐點，同時欣賞著窗外灑進來的陽光。

當時，二寶尚未出生，大寶（小湯圓）年紀約 9 個月而已，他已經上手了 BLW 的技能（可以自己好好抓東西吃）。我和太太面對面坐著，而桌子的另外一角，坐著可愛的小湯圓，因為是自助 buffet，所以我和太太唯一需要做的，就是將我們認為適合寶寶的食物，盛給小湯圓，接著我們只要看著他吃就行了！

毫不意外，小湯圓吃得津津有味，而且吃得很逗趣！而我與太太，則是面對面笑著談昨天走過的每個風景與趣事。此時，另一對三口家庭也走進了餐廳，在隔壁桌坐了下來！我眼睛一瞥，發現對方也是年輕爸媽，小孩約莫 2 歲，爸爸面無表情，似乎還睡不太夠，而媽媽則是神色匆忙，因為孩子「要求很多」，一下這個不要，一下那個不要，但媽媽總是耐心地有求必應，「好～等一下」「這個不要亂摸」「那待會吃飯飯好不好？」因為小孩與媽媽的聲響太過「尖銳」了，所以旁邊桌子的客人都不免投以好奇的眼光。

好不容易，他們一家三口終於坐下了！與我們類似的是，他們的孩子也坐上餐廳準備的嬰兒椅，並使用餐廳提供的兒童餐具，但接下來的場景，就與我們完全不同了——媽媽準備了食物剪！把盛來的食物，剪成細細碎碎，再用湯匙舀起來送進小孩嘴巴，可是，小孩卻完全不領情，一直喊，「我不要！」「我要玩！」那道尖銳的聲音又引起了我的關注，但媽媽非常有耐性，「你不要這個麵包嗎？那我們吃這個 Apple（蘋果）好不好？」緊接著就把原本的食物放回去，改剪起其他的食物，再度用湯匙把食物送進孩子的嘴巴裡。

　　就我的觀察，小孩有時會吃，但吃了三口，很快又「搗亂」起來，媽媽又必須用其他方式來「哄」小孩，讓他吃下湯匙的東西，而餐桌前的爸爸，則是面無表情，穩穩地吃著自己的早餐，只是三不五時的用嘴巴碎念：「Michael，趕快吃飯！不要再玩了！」好不容易，孩子吃完了（事實上只吃了相較於小湯圓 1／3 的食物量）。

　　「他又沒有好好吃飯！吃這麼少！老公，請你幫忙餵點奶，我怕他長不高！」接著媽媽就請爸爸接手，用奶瓶幫孩子補充奶後，才起身去盛裝自己的食物。在一旁觀看的我產生了惻隱之心：「好辛苦的媽媽，都 30 分鐘過去了啊！」那位媽媽起身的同時，看向了我們的餐桌，同時盯著吃得津津有味的小湯圓，投以疑惑的眼神，似乎很困惑：「為什麼孩子會自己吃？我沒見過？！」

　　在上述場景裡，那個家庭沒有實質的親子對話，夫妻間也沒有交談的心情，只有不斷地「執行任務」──執行一個「要讓孩子好好把飯吃完」的任務，旁人看來，很辛苦、很累人，絲毫無法享受美好飯店裡的美好早晨。

改變

　　這個畫面，一直留在我的回憶裡。因為它也正在我的親朋好友身上發生——不知看完上述的場景，您作何感想？

　　也許您會說：「爸爸好過分，應該讓爸爸餵孩子，早點讓媽媽喘口氣。」或者您會說：「所以我才不想生小孩啊！光餵個飯就累死人了。」（筆者所在的台灣，目前是全球生育率倒數的國家。）

　　但如果，有一種飲食方式，能讓爸媽吃得輕鬆、小孩也吃得津津有味，讓親子可以充分享受餐桌上的時光，您想不想了解呢？那就是 BLW 了！（Baby Led Weaning）而且不只上述好處，在醫學上，我也支持它的優點——增進寶寶的感覺統合能力、增進手眼協調、促進口腔肌肉發展、牙床發育，歡迎正這在閱讀這本書的您一起來了解。

歡迎進入 BLW 的世界

★ 什麼是 BLW 呢？

　　BLW，英文全名是 baby led weaning，譯為「寶寶主導式離乳法」，講白話就是讓孩子「自己抓東西吃」，在孩童有主動抓取能力時（約6個月）即可開始實施，此時的孩子，在生理上，是要逐漸脫離純餵奶的階段，吃下副食品（食物），故會放上「離乳」一詞。與傳統給副食品的觀念不同，BLW 是訓練寶寶「自己主動吃固體食物」，而非被湯匙餵予泥狀食物，如此可促進嬰兒的口顎功能發展，促進大腦發育、手腦協調性等。

★ BLW 與傳統餵食法的不同

1
BLW 是讓孩子主動抓取食物
傳統方法則是使用湯匙餵食。

2
BLW 鼓勵吃原型食物
傳統台灣餵食法摻雜很多加工品。

③ BLW 不剪碎食物
傳統餵食法常常剪碎食物。

④ BLW 鼓勵讓孩子飲食自己開始、自己結束
傳統餵食法常強迫孩子吃完食物。

BLW 和傳統餵食的差異

BLW	傳統
讓孩子主動抓取食物	使用湯匙餵食
鼓勵吃原型食物	摻雜很多加工品
不剪碎食物	常常剪碎食物
讓孩子飲食自己開始、自己結束	常強迫孩子吃完食物

★ 兩種截然不同的育兒體驗

因為目前我的所在地是個 BLW 尚不盛行的國家，我發現還沒執行 BLW 的家長，充滿著許多的擔心與困擾，「弄髒怎麼辦？小朋友吃太少怎麼辦？噎到怎麼辦？沒空準備副食品怎麼辦？長輩反對怎麼辦？」但在已經成功執行 BLW 的家長間，卻是這樣說的，「很輕鬆啊！就讓孩子自己吃，弄髒就弄髒沒關係！其實現在讓孩子自己吃，蠻自然的！」上述兩者是截然不同的世界，希望這本書，能夠成為兩個世界的橋樑，讓更多家長可以更輕鬆、有自信、有陪伴地踏上這條幸福之路！

Part 1

侯侯爸爸的
BLW 寶寶成長之路

我的 BLW 知識啟蒙，拜師之路

我記得那是個很奇妙的相遇，我遇到了我的恩師——

黃奇卿醫師。

2016 年，我為了鑽研某個牙科的知識，透過牙材公司業務朋友介紹，認識了黃奇卿醫師。

黃奇卿醫師是牙醫界的泰斗，致力研究小兒過敏、牙科界的難症，當時如此深入研究的牙醫師並不多。

我起初只是想了解「為何現代小孩牙齒容易長歪」以及「鼻過敏的小孩與口呼吸的關聯」，當時的台灣，牙科界興起了這樣的風潮——「孩子的牙齒長歪是可以治療的！不需等到換完牙才處理！」、「不要忽略『用嘴巴呼吸』所造成的健康危害」而相關的文宣、自媒體的宣傳，讓越來越多家長關注這個議題。

當時我還年輕，尚未結婚，憑著一股想學習的熱忱，自己買了火車票到桃園中壢，親自拜訪了黃奇卿醫師。而黃醫師也非常懂得教學，總是不直接給我答案，希望在一點點的提示下，讓我自己去找答案、體會答案。我跟他見面的第一天，他就給

了我一道回家作業，「請你去查所有有關『BLW』的資訊與研究。」我當時愣住了，我是要探討小朋友口呼吸跟牙齒長歪的議題啊！這跟寶寶飲食有何關聯？！

但是在仔細查閱 BLW 的相關敘述、論點時，我才漸漸地明白上述其中的關連性。後來黃醫師也仔細地教導我，為何現代的孩子，容易有這些問題：鼻過敏、肌肉低張、口舌無力、異位性皮膚炎、牙齒歪等，全跟最初的「飲食」有關。

「黃醫師，所以徹底執行 BLW 的孩子，真的比較健康囉？！」「是啊！請你以後跟家長宣導，甚至可以在網路上寫文章、出書。」我看著黃醫師那堅定的眼神，嚇到了！當時我尚未經營自媒體，也沒有出書經驗，真的很難想像未來會發生什麼事，但看著黃醫師堅定的眼神，似乎賦予我一個重要任務：「為了台灣的孩子與家庭，你絕對可以！」

當然，我並沒有馬上出版書籍，而是透過看診的日常生活中，與孩子患者的家長互動，同時觀察家長們的反應。

「BLW，我聽過啊！那不是幾年前流行的東西，現在沒有流行啦！」「醫師你講得倒理想，但是做起來可累死人，您自己還沒有小孩對吧？！」「我家兒子之前嘗試過 BLW，差點噎到嚇死我，我再也不讓他做了！」「您還是幫我們家孩子處理

蛀牙吧！寶寶飲食法我們以後再聽。」絕大多數的家長，都對
BLW 感到陌生或很畏懼或是不想關心。我的患者中，當時大概
只有千分之一的家長，有讓孩子執行過 BLW（若論有沒有堅持
下去，比例可能更低了）。

我的寶寶執行 BLW，高潮迭起的歷程

　　時光飛逝，轉眼間我結婚了，我牽起太太的手，共組幸福
溫暖的家庭。婚前我跟太太分享，「未來我想讓寶寶執行 BLW
飲食法」。當時還是熱戀期，女友（未來的太太）靜靜地看著
我講話，看著我的眼神散發出著光芒，但事隔多年，她坦白說，
她不明白 BLW 是什麼，只能口頭回覆說「好」。

　　過了兩年，大寶──小湯圓呱呱墜地！我和太太，開始體
驗與一般新手父母無異的生活──餵奶、陪玩、吸收親子知識、
睡不飽的人生。台灣的網路文化很發達，總是有各式各樣的育
兒資訊，我和太太也常常討論怎麼育兒。

　　轉眼間，小湯圓 6 個月了！在柴米油鹽醬醋茶的匆忙生活裡，我的大腦不斷提醒，「嘿！孩子的爸！寶寶 6 個月了，可以執行 BLW 了！」但我卻試圖忽略，想把腦中的聲音蓋掉，想要逃避！這是一段複雜的情緒，理性上知道要執行 BLW（我的確有這個專業能力），但眼前一天一天慌忙的育兒生活讓惰性跑出來，「唉！不然再過一個月看看好了；我最近工作比較忙，等工作穩一點再說……」

小提醒

　　一般 BLW 實作上的認知是：寶寶達 6 個月、寶寶具有用手抓握送口的能力、對食物有興趣、能夠坐穩，即可開始實行！

契機　小湯圓反覆生病

　　直到一個事件出現，將我打醒：小湯圓開始反覆地生病！當時正值 2021 年新冠疫情期間，社會上風聲鶴唳，民眾認為能不出門就盡可能不要出門，但因為小湯圓生病，我和太太不得不帶他出門看小兒科，那時內心十分煎熬，所幸小湯圓的生病，都與感染 Cov19 無關，但接下來診所兒科醫師的回答，還是讓我很難過。

兒科醫師說，「他有過敏體質，所以才產生了咳嗽、扁桃腺腫大、異味性皮膚炎等等問題。」因為這樣的狀況，醫師開了一罐又一罐的藥水，太太非常認命地把藥水帶回家，給小湯圓喝，對於有自然醫學背景和相關執著的我來說，看了很難過，馬上阻止太太，我們起了爭執，「為什麼要讓 6 個月的寶寶開始吃西藥？！」「醫生說要吃，就要吃啊！不然病怎麼會好？」「這是過敏，吃藥只是把症狀壓下來、增加小朋友的肝腎負擔，沒有解決根本問題。」「好啊！那你說說看，小湯圓變成這樣，到底要怎麼辦？」

此時，我想起了過去黃醫師教導我 BLW 的一切，我瞬間恍然大悟起來。馬上跟太太說，「我想我們不要拖了，開始執行 BLW 吧！」太太沒好氣地回答：「說歸說，也沒人教我怎麼弄，你在外上班都只出一張嘴，不然你來弄（備餐）啊！」

當時的我，用堅毅的眼神看著太太說，「好，我答應你，我來備餐！」我就選了一天沒上班的假日時間，開始執行備餐。對於料理白癡的我來說，這宛如一場滑稽又困窘的旅程，我很

> **小提醒**
>
> 為何寶寶 BLW 與「降低過敏」有關聯？我們留在第二章討論。初期讓 BLW 寶寶吃食物，食材會需要特別準備，詳細教學可參閱第三章。

不習慣地拿著購物袋及寫好的食材清單，至家裡附近的超商購買食材；在食材區中，我左右打量、反覆挑選，非常不適應！我內心十分掙扎，「天啊！要不是為了寶寶，我大概一輩子都不會來買食材（我真的完全不會煮飯！）加油！我一定做得到。」

好不容易，食材買了回來，我拿著菜刀，用著很拙劣的刀工切著手上的蘋果、地瓜、胡蘿蔔及玉米筍……，之後再將處理好的食材放進電鍋烹煮；在蓋上鍋蓋的那一刻，我用著滿足、充滿成就感的神情看著太太，太太也終於對我露出一抹微笑。

第 1 天　兵荒馬亂的第一餐

這份喜悅沒有持續多久，當我們把烹煮好的食物拿到小湯圓面前時，小湯圓的反應讓我們十分慌張：

他看著眼前的食物，愣住然後抬頭望向我和太太，使勁地大哭！似乎在抗議：之前都是媽咪用湯匙餵，現在不僅沒有湯匙，還多了這堆一塊塊的東西，是什麼？到底要幹嘛？我肚子餓了！

▲ 小湯圓 BLW 的第一餐。

▲ 小湯圓在 9 天內真的因此
變得很瘦嗎？後來回頭看
這歷程，客觀來看還好，
附上照片作為參考。

◀ 小湯圓順利 BLW，可以自
己抓著吃了。

太太急忙上前安撫，用手把食物抓起來，放在小湯圓的嘴前，「你看～這是食物啊！你要自己抓起來吃喔！」但小湯圓就是不領情，把嘴別開，繼續地大哭。我緩緩地抓住太太的手說，「我們先忍住，不要幫他，再觀察一段時間看看。」接著，過了兩分鐘，小湯圓開始以我們難以想像的方式，如同「野獸」般的吃法，開始吃著眼前的食物：將脖子伸長往下舔食物，如果食物沾在手掌背上，他就不斷舔著手掌背，似乎不知道自己有手掌心。重點是，這堆食物，他吃了 1 ／ 3 就不吃了，開始玩起食物！玩膩了，就開始放聲大哭⋯⋯

小湯圓 BLW 的第一餐，就這樣結束了，還是新手的我和太太，面對這一切結果，癱坐在椅子上互相對望，用疲累的微笑為彼此打氣。

第 2 ～ 8 天　備受煎熬的磨難期

休假結束後我恢復上班，備餐的任務就轉交由太太處理；但接下來才是令人煎熬的開始，小湯圓依舊「吃不多」！

　　太太每天以手機通訊軟體，向我回報小湯圓的飲食狀況，「我照你說的方式備餐了，但他就是吃不多！」「真的嗎？實際吃了多少？」「大概都 1 ／ 3 或 1 ／ 4 吧！他心情不好的話就完全不吃了，我只好幫他補充奶水。」在手機另一頭的我，聽到後難免會擔心。

　　下班返家後便與太太研究：食物種類是否需更換？食材處理方式是否需調整，粗細、軟硬程度？什麼時候該介入幫忙，什麼時候不要？在這段「實驗期間」，我明顯地觀察到：小湯圓變瘦了！原本圓滾滾的肚子，逐漸「消風」下去，雖然其他生理機能完全正常，但太太還是不免擔憂，「持續下去，真的好嗎？」我頂著龐大的壓力，默默地向她點點頭，「再給小湯圓一點時間吧！我會陪著你們。」只要我休假，我都會積極參予食物的備製，以及陪著太太一起觀察小湯圓怎麼吃。

　　從小湯圓第一天 BLW 後的第 9 天，太太語重心長地跟我說：「小湯圓依舊沒有吃很多，看我兒子都沒怎麼吃我也會心疼，我要用湯匙餵他了，我不想管你怎麼說！」面對太太堅決的口氣，我的內心也十分煎熬，似乎這一切都在暗示著：「孩子會『餓』成這樣，都是我的錯，我是個狠心的爸爸」我的心裡默默流淚，除了對太太點點頭外，也無法再回應。

第 10 天　超大驚喜，我們成功了！

第 10 天，我上班到一半手機響了，另一端傳來太太的笑聲，「小湯圓會自己吃了，吃很多！」我一聽到，整個人跳起來！大力的歡呼，「太棒了！我高興到快哭了。」一回到家，我馬上緊緊擁抱著太太，一瞬間太多情緒難以言喻，過了幾秒鐘，我們開始冷靜下來，聊起這成功過程中發生了哪些事。

「我今天其實沒有多做什麼，但他好像終於開竅似的，會自己吃了。」「真的沒有多做了些什麼？」「沒有耶，食物都照你說的方式準備，就這樣而已。」太太說。

我回頭望著小湯圓，只見他用小手，抓起桌上切塊的蘋果，送進嘴巴，用牙齦啃呀啃（沒有牙齒也可啃食物），之後咀嚼完的食物就順利吞進肚子裡，之後馬上接著第二片、第三片，吃個不停，那畫面真是美麗，跟教科書上、網路上的 BLW 畫面一模一樣。我知道我成功了！我閉上眼睛，流著淚，感謝上帝！

在這之後，小湯圓的副食品生活，有了 180 度的大轉變：他變得非常會吃，願意嘗試不同的食物，食慾也非常地好。有時我們準備一大碗公的食物，他也會完全吃光光。他那「消風」的肚子，也在這轉變後，逐漸「長回」圓滾滾的肚子，甚至比之前「更圓滾」！至於之前擔心的過敏議題，從小湯圓使用

▲ 小湯圓成功 BLW 之後，我們擁有
了好長一段美好的用餐時光。

BLW 飲食法（搭配原型食物）後，我們就很少擔心了！因為相較於同年齡的孩子，小湯圓真的很少看小兒科醫生。家裡的長輩看到笑得合不攏嘴：「這孩子好有福氣啊！吃得頭好壯壯。」之後的數個月內，小湯圓的 BLW 飲食人生，一直都很順遂，吃得很多、長得很高很壯。

秘訣 容許寶寶探索及試錯

回想起之前那 9 天的 BLW 磨難期（小湯圓怎麼吃都吃不好的 9 天），真的是高潮迭起，我體會到：寶寶要熟悉一個技能，真的需要反覆不斷地練習，沒有任何技能是一蹴可幾的。成長的每個階段，從喝奶、翻身、坐直、爬行、走路……對寶寶來說，都是全新的挑戰，我想 BLW 也是一樣。

寶寶需要：先學會如何用手抓起眼前的「食物」、精準地送進嘴巴；接著用嘴巴啃咬食物，還得靠舌頭的幫忙；最後再將啃碎的食團吞進肚子裡，對大人來說稀鬆平常的事，對寶寶來說，卻需要一陣「摸索」與「試錯」。

只是大人常會用慣有的「標準」去面對小孩的「試錯」，一旦沒達到我們心中的「水準」，就會開始不斷擔心，甚至想

要「介入」，但往往效果都「事倍功半」，累死大人。有時試著稍放手，讓孩子充分的「嘗試」與「實踐」，那麼孩子的成長將會更驚人！因為有了這 9 天的磨難期，也讓我日後在鼓勵其他家長執行 BLW 時，更有說服力：「你試了 2 天就放棄嗎？我挫折了 9 天呢！但回報絕對超值！」

從一個家庭，正向影響至「整個家族」

在亞洲文化裡，只要論及育兒，常常會有家中長輩的建議與介入，連我們家也不例外。

我的父母其實一開始也反對小湯圓 BLW，理由不外乎是，「你看他年紀還那麼小，抓都抓不穩，長大一點再讓他自己吃吧！你為何現在要勉強他？」「唉呀～寶寶自己吃都吃那麼少，還是用『湯匙餵』吧！均衡營養比較重要！這樣吃根本無法好好吸收營養。」「你看他剛剛自己吃好像有嗆到？很危險，你真是個狠心的爸爸。」家母是教育界的學者，對於育兒有自己

的執著，在小湯圓 BLW 初期，的確親子紛爭不斷猶如戰場！但我仍將 BLW 系統繼續實踐在小湯圓身上直至成功。

★ 長輩的態度有了 180 度的轉變

說也神奇，在小湯圓可以自己好好吃飯後，長輩的態度有了 180 度的轉變：從愣住、起疑、接受，再到欣喜，進而跟其他長輩「推薦 BLW」，令我非常訝異與開心！

在小湯圓開始成功自己吃飯後，我們和長輩對話時的氣氛完全不同了：「哈哈！小湯圓吃飯好乖喔！我煮的蛋、豆、魚、地瓜都有吃。」「而且吃飯都沒怎麼吵，大人也不用餵他，真是舒服。兒子你教得好！」「我上次去朋友（長輩的友人）家吃飯，他們家孫子可吵得很呢！要用湯匙餵又吃不多，把我朋友弄得好狼狽，還是小湯圓這樣吃飯（BLW）比較輕鬆。我還跟我朋友推薦要用 BLW 呢！」

小提醒

如何與長輩溝通？如何在長輩的強勢介入下，仍然順利讓寶寶 BLW ？我們在後面會分享更細的內容，可參閱第四章。

★ 開啟善的循環，家人紛紛加入 BLW

在某次過年的團圓飯裡，我堂弟看到小湯圓坐在餐桌的某一角，自己盡情地吃飯時感到驚訝，好奇地問，「寶寶這樣吃飯好神奇、好方便，請問是怎麼做的呢？」我欣然地跟他分享我們成功的經驗，堂弟也很阿莎力，馬上和太太溝通，希望自己的女兒 6 個月大時，也學小湯圓的做法。從開始直到現在，一年多過去，堂姪女的飲食可精彩了！不僅大人在餐桌上輕鬆，論長高、長壯、語言發展、思考應變能力，她都發展得非常好。看到我堂姪女如此成長，我內心也十分欣慰。

我們周邊的朋友也因為我們家小湯圓的改變進而仿效。有些網美媽媽，因著自己孩子 BLW 而感到歡欣，甚至開始研發出不同的菜單，娛樂小孩也娛樂自己；有些媽媽原本第一胎是傳統湯匙餵食的，弄得很辛苦，看到小湯圓的成功經驗後，也嘗試第二胎改用 BLW，他們給我的回饋都很正面同時也充滿感激。上述的群起效應，讓我更有信心與成就感，也因為眾多親友的支持，使我產生使命感，才催生了這本書！

小湯圓學校生活帶來的反思

　　小湯圓漸漸長大，1 歲半時非常有活力與意見，我們開始對 24 小時的照顧感到吃力，於是在家族討論後，決定讓小湯圓至「托嬰中心」。說白話點，就是讓他去一個機構裡，與其他小朋友一起接受「托育與照顧」。

★ 吃飯總是第一名，榮登吃飯股長

　　在托嬰中心裡，我們觀察、耳聞到其他家庭的小朋友的反應，也帶給我很多省思。首先，托嬰中心老師常稱讚小湯圓，「他吃飯總是第一名，而且有時吃不夠，還會跟我再要。」托嬰老師笑得合不攏嘴，因為許多同齡的孩子，幾乎無法自己好好吃飯，或者吃飯非常慢。老師因為小湯圓的飲食自主，可以有更多時間去「督促、照顧」其他孩子。

　　時隔半年後，小湯圓 2 歲，改上幼兒園的「幼幼班」。我原本想，「幼幼班的同學，應該吃飯狀況比較自主吧？」但是

幼幼班老師的回覆，讓我很驚訝，「哪有啊！還是很多孩子吃飯有困難，我們都盡量叫小朋友自己吃，但他們吃飯很慢，有些甚至含在嘴巴不吞下去，或者吃很少……」

幼兒園老師讚美，「你們家小湯圓真的厲害，吃飯都是第一名！我都叫他『吃飯股長』（笑）……」因為我是兒童牙醫，所以常聽到家長苦惱自己孩子「吃很慢」、「挑食」、「吃很少」，小湯圓的幼兒園情境，只是剛剛好「確切印證」這些社會現象而已。

◀ 小湯圓（1y8m）於托嬰
中心吃飯的情景。

回過頭來，幼兒園小朋友普遍的飲食問題（噢！不，部分國小生也有這問題！），和 BLW 有關聯嗎？我認為是有關聯的！我將於第二章細述。

★ 我們仍正寫下我們的故事

以上就是我們家上演的「真實 BLW 故事」。直至現在，小湯圓的飲食之旅仍然沒有結束；同時間，弟弟小麻糬誕生滿 6 個月以上，也正在實行 BLW，相較於哥哥的 BLW 驚奇之路（驚嚇、挫折的 9 天），準備老二的 BLW 就比較從容不迫（畢竟我已從備餐菜鳥晉升老鳥）。

有趣的是，當兩兄弟都實施 BLW 時，餐桌的氛圍與互動的畫面真是逗趣萬分。每一次的用餐時間裡，沒有緊迫盯人、累死家長的餵食秀，只有一家四口和樂用餐，談天說地，看兩寶搞笑、童言童語的有趣時光。

親愛的家長，您準備好了嗎？接下來的章節，會告訴你許多「BLW 的為什麼？」以及如何實作與 Q&A，歡迎您繼續閱讀。

▲ 兩兄弟一起吃飯的照片。

小湯圓 2y8m 小麻糬 9m

Part 2

侯侯醫師：
身為醫療人員，
為何我支持 BLW ？

快速認識 BLW

　　在這一章裡，我會說明 BLW 是什麼？為何許多專家支持它？我在臨床上，看到 BLW 與生病孩童間的關聯性是什麼？

BLW 的定義：讓寶寶自己抓東西自己吃

　　BLW，英文全名是 baby led weaning，譯為「寶寶主導式離乳法」，「主導」一詞，意味著吃飯是尊重寶寶自己的意志，而「離乳」一詞則代表此階段的寶寶需「開始吃食物」及「往斷奶的方向發展」之意。

　　講直白點，BLW 就是讓孩子「自己抓東西自己吃」，在寶寶有主動抓取能力時（約 6 個月）即可開始實施。這樣的做法會取代「用湯匙餵食寶寶」的行為。

　　BLW 這個名詞，最早是由英國學者吉兒瑞普利博士（Dr. Gill Rapley）於 2001 年所提出的，吉兒博士在 2008 年正式出版書籍後，在社會上引起很大的討論，也讓更多民眾知道 BLW 這

個理念。不過事實上，BLW 是把寶寶原本「內建的生物本能」（自己抓東西吃）激發出來，並搭配一些具體的方法論，早在吉兒博士之前，就有不少學者提出這樣的看法或概念。

💡 小提醒

相關書籍：《BLW 寶寶主導式離乳法基礎入門暢銷修訂版》、《BLW 寶寶主導式離乳法實作指導暢銷修訂版》（吉兒·瑞普利、崔西·穆爾凱特著／新手父母出版）

BLW 法與傳統餵食法的差異

在我們還是寶寶的時候，父母多半沒有受過 BLW 相關知識的薰陶，所以父母幾乎都是使用湯匙，舀著軟爛、好咬的泥狀食物，送進我們的嘴巴裡。這就是所謂的「傳統餵食法」，它不分國家、種族，這是大部分現代人餵食寶寶的方式。若要使用 BLW 來作為寶寶的餵食法，它衍生出來的做法、細節、氛圍設計，就會與傳統餵食法有顯著的差異，在下面的篇章我會為各位娓娓道來。

BLW 的食物狀態　能被「抓取」的質地

　　BLW 的核心既然是「讓寶寶自己抓食物吃」，那食物的質地肯定要是能被「抓」起來的。因此有育兒專家提出「手指食物」的概念，意即讓寶寶的手能夠輕易抓取的食物，就稱為手指食物（舉例：塊狀胡蘿蔔、南瓜、香蕉、烘蛋等）。

　　隨著寶寶的飲食經驗日益豐富，更大塊、不規則體積的固態食物也都可提供給寶寶抓取。若是傳統餵食法的範疇，因食物要被湯匙「舀起來」，所以大部分的食物會被烹煮得軟爛、細碎，故與 BLW 食物的質地非常不同。

▲ BLW 食物，能讓寶寶一手抓起來的食物
　（如手指食物）。（示意圖）

Point

　　家長在為孩子料理食物時，常會使用「食物剪」來將食物剪碎，在 BLW 的範疇裡，「食物剪」不會用到。

由寶寶主導進食　何時開始何時結束、吃多少

BLW 在執行的過程中，是由寶寶自己「主導吃飯節奏」的，這與「傳統餵食」的認知完全不同。在傳統餵食的餐桌上，寶寶是被動地坐著，被動地張開嘴巴，吃下大人用湯匙盛裝的食物，一口接著一口，大人用湯匙舀出食物幾次，寶寶就吃下食物幾次。過程中寶寶吃下多少食物量？是由大人決定；寶寶吃下的食物種類？也是由大人決定；寶寶何時吃完？還是由大人決定。因為寶寶的吃飯行為是處於被動狀態。

若是執行 BLW，一切的行為會反過來。大人只負責將煮好的幾種食物放在寶寶面前，之後就「不再進行」任何干預了：由寶寶自己決定如何吃第一口食物；寶寶自己決定咬多少、吃多少；寶寶自己決定用什麼方法吃（咬、啃、舔、撕……任何你想得到以及根本沒想過的方式），之後寶寶會用身體語言告訴你：他吃飽了。

▲ BLW 是由寶寶自己主導何時開始、何時結束及怎麼吃。（侯侯醫師家小寶──小麻糬）

61

★ 進階版餐桌上的「小大人」， 有助家庭餐桌的氛圍經營

因為執行 BLW 的寶寶，可以自己吃下食物，故在一旁參與的大人，不用忙著用手舀著湯匙餵食寶寶，而是可自由從容地吃著自己的食物，我們等於是在餐桌上，把寶寶視為一個獨立的個體：餐桌上的「小大人」。在這餐桌上，大人與寶寶是同時進餐的，可以自由對話、進行眼神的交流，這就是完整的「家庭餐桌氛圍」。另外，也有學者鼓勵寶寶食用的食物，盡量與大人相同，讓大人在烹煮上，不用太花心思，降低照顧寶寶的壓力，而寶寶在認知上，也可更融入大人的餐桌生活。

BLW 餐桌　　傳統餐桌

▲ BLW 與傳統餐桌的氛圍差異。（示意圖）

　　反觀傳統餵食方式，餐桌上的氛圍就並非如此了：大人要「花時間」拿湯匙舀食物餵寶寶吃下，完畢之後，大人才能撥空吃下自己的食物，故大人與寶寶的「用餐時間」是不同的，這也會產生不同的餐桌氛圍。

　　另外，上述寶寶吃的食物（種類、質地），與大人正在吃的食物（種類、質地）肯定是不同，因為寶寶的食物為了能夠讓「湯匙舀起」，往往是泥狀、多種碎肉、菜混在一起的狀態，這肯定需要大人自行特別加工處理。

BLW 與傳統湯匙餵食法不同處

	BLW	傳統餵食法
食物質地	·手指食物、塊狀食物居多。 ·不同食物是彼此分開的。	·食物會切碎、搗碎，製成泥。 ·不同的食物混在一起。
餐桌氛圍	大人與寶寶一起進食。	大人會花心力拿湯匙餵食寶寶，故進食時間不相同。
主導性	寶寶主導自己要吃什麼、如何吃、吃多少及何時停止。	大人主導寶寶吃的量、吃的種類及何時停止。

BLW 優點多，
最適合寶寶的飲食法

身為一個兒科醫療人員，為何我會支持 BLW 呢？因為它具有以下優點。

★ 提早訓練寶寶的飲食自主性

因為在實踐 BLW 的精神裡，寶寶會自己吃東西，來自於真的覺得「飢餓」、「有食慾」才開始的，並在寶寶自己認為「吃飽」後停止進食，完全源自於飽食中樞的啟動。

上述的狀況，外力的干擾極少，故實行 BLW 久了的寶寶，直至長大，飲食自主性的能力是強的，他們會知道自己想吃什麼、喜歡吃什麼，同時也對進食會有慾望並知道什麼時候不該再吃了。(1)(2)

 小提醒

傳統的育兒生活中：我們如何判斷寶寶想吃東西？可能是猜的，也可能是推斷的：寶寶哭了、寶寶吐舌頭或是照顧者認為寶寶「該」吃東西了，就會把食物和湯匙準備好。

★ 容易維持健康體重，減少過度肥胖的機率

長期執行 BLW 的寶寶，研究指出：比較能控制自己的食慾，因為會自己控制吃的量而非被動的餵食，故在臨床數據上「過度肥胖」的機率，相較於被傳統餵食的寶寶低。[3]

★ 降低寶寶挑食的問題

其實，對東亞文化的家庭來說，「挑食」的議題具有很多討論空間，每個照顧者對於寶寶「挑食」的定義都不一樣，例如：沒有把眼前的食物吃完、沒有吃下照顧者認為該吃的食物（如特定的肉、特定的蔬菜）、面對眼前的食物無動於衷等，以上都可能被認為「挑食」。

甚至我們可廣泛地說，只要寶寶「沒有按照」照顧者認為的方式吃完食物，就是挑食。不過，提到挑食的「相反敘述」，大多數家長都會認同，即是：對不同種類食物接受度高，在餐桌上會自然有食慾，願意自動進食；而長期接觸 BLW 的寶寶，大都能擁有後者的特點！

　　因為執行 BLW 的寶寶，在很早的時期就大量地接觸不同大小、顏色、質地、氣味的食物！你可以想像，寶寶腦中數億個神經元，正因著餐桌上的食物日復一日地更換而不斷地刺激、儲存、更新中！相較於傳統餵食，BLW 桌上的食物大都是單獨的個體（如整片蔬菜、整顆蘋果、完整的塊狀肉……），所以寶寶吃飯的過程，會對每樣食物有更全面的認知，也會培養出對食材的喜好，甚至更願意去嘗試新的食物。反觀傳統餵食的寶寶，在他眼前只有糊糊的一碗粥或泥，自然也無法辨認每種食物的氣味、質地及顏色，在大腦認知上的刺激自然較少。[4][5][6]

　　執行 BLW 的寶寶會比起傳統餵食的寶寶，願意嘗試更多不同種類的食物，對於不同質地的食物接受度也較高。所以，若照顧者想讓寶寶自由地飲食、願意嘗試不同的食物，BLW 會是很好的途徑。

▲ BLW 的寶寶在很早時期，就大量地接觸不同大小、顏色、質地、氣味的食物。長大後，對於不同質地的食物，接受度也較高，挑食率較低。

★ 強化寶寶手腦協調運作、增進感覺統合發展

現今的育兒觀念已經進化，更多的家長致力於讓寶寶提升「感覺統合（sensory integration）」。何謂「感覺統合」？即是讓環境中的豐富感覺訊息，被大腦接收、分析、處理過後，再做出適度的回應或行動。簡單說，大腦執行整合的能力就是「感覺統合」。

舉例來說，看到狼狗跑來（外在刺激）→大腦分析（有危險！）快跑！（中央訊息處理）→執行行動（讓大腿肌肉活化、腎上腺素噴發）→果真跑走了！（具體行動）。如同上面的例子，感覺統合強的小朋友，對於外在刺激會接收清楚，而大腦處理速度也會更快，行動也會更具體。

執行 BLW 的寶寶，每次在進食時都需要自主用手指、手掌抓起食物，同時送進嘴裡咀嚼吞嚥。隨著每餐每餐的更替，寶寶會抓進不同質地、形狀的食物，這對於寶寶的手部觸覺及肌肉刺激、口腔咽喉肌肉的活化，以及腦部認知處理的發育，都有很大的助益，我們可以輕易地觀察到：完整執行 BLW 的 1 歲寶寶可以輕易地用手指尖捏起小小的米粒（一般精細動作的發展，會更晚於大範圍動作，代表寶寶大腦學習快速。）

現在市面上，充斥著許多發展「感覺統合」的課程與玩具（教具），而我認為，訓練手腦協調上使用 BLW，**讓寶寶自己用手抓取各式各樣的食物，送進嘴巴自己咀嚼吞下，屬「最天然」的感覺統合訓練了！**[7][8]

小提醒

現今孩子的感覺統合問題

為何現今孩童的「感覺統合」普遍弱化？因為現代孩子大多居住於城市裡，活動空間相較於鄉野狹小、受限，且室內活動時間遠高於室外活動，因此缺乏各種大動作的感覺刺激、練習與經驗。再者，東亞國家的孩童，若生活在家長「保護主義」盛行的教養環境裡，感覺統合的弱化會更明顯。例如：不給予犯錯的機會、只要可能會「弄髒」的行為都被制止、要執行某個動作，家長即會出於關愛地幫忙，直接幫孩子做完一大半等。

在「吃飯」這議題上，如果寶寶總是「被動」地被餵予食物，也無法自己決定吃多少，那與吃飯相關的「感覺統合」能力自然無法提升，這樣的弱化狀況甚至可以持續至 5、6 歲。

強化寶寶咀嚼能力　強健顎骨、牙齒、顱顏骨發展

長期執行 BLW 的寶寶，因為食用固態食物居多，故口腔的咀嚼刺激也較多。相較於長期吃軟食、泥狀、剪碎食物的寶寶，BLW 寶寶的口腔會產生三種驚人變化。

1 **流暢的咀嚼吞嚥能力**

家長陪著孩子吃飯，最怕孩子嗆到或噎到（生命危險議題），但 BLW 的寶寶除了起初會嗆到、嘔到外（和哪個寶寶起初走路不跌倒一樣），在後期就漸漸不會了，並且其牙齒、舌頭、軟硬顎、喉部的肌肉的協調會逐漸一致。在經歷不同種質地、軟硬的食物練習後，能讓孩子適應咀嚼各種眼前的食物，而這樣的能力會一直陪伴他長大。

2 **令人放心的「長牙速度」**

身為兒童牙科醫師，我手上的小患者不盡其數，家長擔心的孩童健康問題很多，其中最常被問的莫過於，「孩子是否長牙速度過慢？」事實上，牙齒都是長在「牙床」裡的（學名：

齒槽骨），扣除基因影響，一個孩子的牙床，若經歷的咀嚼刺激較少（如吃軟食、泥狀物居多），那其長牙速度也會偏慢；反觀吃固態食物的 BLW 寶寶，長牙速度往往正常或是比前者快，因為牙床經常受到咀嚼刺激。

 顯著的顱顏骨發展

　　BLW 的寶寶，因為咀嚼刺激較多，除了會帶動牙床骨明顯的生長發育外，也會影響與牙床骨相互依存的「其他顱顏骨生長」（如下圖），如此整個頭骨的發育，都會健全。[9]

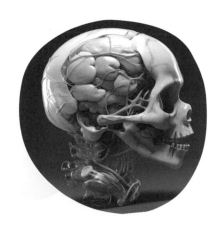

◀ 人類的頭部是個奇妙的複合體，寶寶早期經過充分咀嚼訓練，能在吞嚥能力、長牙、顱顏骨的發育上，都得到正向的發展（示意圖）。

小提醒

　　人類的顱顏骨（頭骨），從剛出生直到完全成型，大約會經歷 12 年的時間，意指到青少年時，頭骨的大小、形狀大致定型了。人類的頭骨，其實是一塊一塊的小骨頭所構成，就像是拼圖一樣，但比起拼圖我更想用「齒輪」來比喻整個頭骨構造。

　　影響頭骨發育的因素很多，書中提到的「咀嚼」占了很重要的比例，在嬰兒、幼年期，經歷充分的咀嚼刺激，能讓頭骨充分發育，反之，頭骨會發育不良，至於發育不良會產生甚麼問題呢？我們後面會詳述。

BLW 的缺點與爭議

　　沒有任何育兒作法是 100 ％美好的，如果在網路上搜尋 BLW，仍有一些專家或家長們「不支持」BLW，其論點則是：

★ 執行 BLW 的寶寶，
　會將用餐環境弄得「很髒亂」！

　　這的確是不容否認的「事實」，在孩子自己抓取食物、玩食物的過程中，「食物弄得到處都是」是必然會發生的情況，有些家長會因為本身愛乾淨，或是覺得清理用餐現場很麻煩，而反對寶寶執行 BLW，這樣的思考可以理解。

　　不過，只要善用「降低」BLW 寶寶用餐髒亂的「輔具」——防髒餐盤、防髒圍兜、防髒地墊等，就可以減輕上述的麻煩狀況。另外，以陪伴 BLW 孩子吃了超過 1000 餐（我）的經驗而言，收拾寶寶用餐環境，會變得越來越熟練。雖然寶寶吃完，家長要花時間收拾，但至少不用花時間「拿湯匙餵食」寶寶，也不用花時間「拿剪刀剪食物」、「把食物壓軟」，加總整體所花的時間及品質是相當值得的。

★ 執行 BLW 的寶寶，
會產生更多「嗆到」與「噎到」的風險！

　　在本書第三章，會針對「嗆到」與「噎到」的風險作說明
（請參閱 P115），看完之後你會發現，事實上不用那麼緊張。
有趣的是，現在醫學文獻已經做出有實證性的研究 [10] [11]，當
中分別研究了 BLW 和傳統餵食的寶寶，結果發現：兩者嗆到、
噎到的比率是差不多的。（意思是傳統餵食的寶寶，並沒有嗆
到、噎到比較少啊！）

★ 執行 BLW 的寶寶，總會長得比較「小隻」！

　　回應種種質疑的基礎，就是參考文獻的數據，因為實驗數
據會說話。在諸多文獻中發現，BLW 相較於傳統餵食寶寶，在
生長發育上沒有明顯差異，也沒有明顯的營養缺乏差異 [22] [23]
[24]。唯獨臨床紀錄中發現，傳統餵食的寶寶「過度肥胖」的
案例會略多於 BLW 寶寶。但因「傳統餵食造成過度肥胖」而解
釋成「長得比 BLW 寶寶大隻」，以醫學、健康方面考量，這真
的是好現象嗎？

　　由前面介紹 BLW 優點的「第二點」（請參閱 P65）來說明，BLW 讓寶寶容易維持健康體重，減少產生過度肥胖機率，其實這與上述「BLW 可能長得比別得寶寶小隻」是一體兩面的客觀事實。BLW 寶寶因為身體本能會告訴自己「該吃多少量」，吃到一個程度就會停止，因此「米其林寶寶」不大可能發生在 BLW 寶寶身上。

　　觀察 BLW 寶寶的身形，往往是比較勻稱、精實的體型，很少看到小胖子，但在營養攝取、肌肉骨骼發育上，BLW 寶寶大都表現正常。

小提醒

生長曲線怎麼看？

如果要檢視寶寶的生長狀態，常會參考衛生福利部提供的「生長曲線圖」的三個指標：身高、體重、頭圍。參考網址：https://www.hpa.gov.tw/Pages/Detail.aspx?nodeid=870&pid=4869

國內部分家長會非常在意孩子「生長曲線的排名」，若孩子的百分位落在 70 ～ 99%，家長就會非常幸福與得意，認為孩子非常的健康；倘若孩子的百分位落在 10 ～ 40%，家長就會非常擔憂，甚至懷疑自己教養上哪裡出錯了？甚至開始找更多營養品來餵食孩子，希望孩子迎頭趕上其他人。

但現今有不少兒科醫師跳出來，呼籲家長們放寬心，停止這樣的競爭！因為身高、體重、頭圍只是參考，無法完整反映孩子的健康狀態，況且基因因素都完全被忽略了呢！就算百分比落在「後段班」的孩子，成年後高又壯的例子大有人在，而成長百分位前段班的孩子，也有人成年是矮小的呢！除非是患有先天疾病需要兒科醫師診斷，否則大部分家長請放寬心吧！

由 BLW 檢視
現代孩童的健康問題

「侯醫師，我們家小朋友，體弱多病，連牙齒也容易蛀牙和長歪，這是不是跟遺傳有關？」門診中，越來越多牙齒有問題的孩子出現，據觀察，這些孩子通常會合併其他問題：

健康
問題
明明站著和醫師互動是正常的，但躺下來張開嘴巴看牙，屢屢嗆到水，因此討厭或恐懼看牙。大人以為是心理因素，但卻忽略孩子的過敏、呼吸道狹窄問題。

健康
問題
注意力不集中，無法專注的張開嘴巴，躺在診療椅後，一陣子就會躁動起來。

健康
問題
從小就牙齒排列不整（齒列不整），年紀越大，牙齒擁擠、歪斜的情況越嚴重。

健康
問題

明明父母非常注重刷牙，但孩子卻仍然發生蛀
牙。

健康
問題

身體各處有過敏——鼻子、腸胃道、異位性皮膚
炎等等，這些來看牙的孩子，同時也常要排隊看
耳鼻喉科、中醫、小兒科、皮膚科等等。

◀ 相較於過往，現今我們遇
到更多體弱多病的孩子，
「咀嚼力」常為家長忽略
的關鍵之一。

當父母無助地詢問我上述問題是否為基因遺傳時，我也是於心不忍，思考怎樣回答比較恰當。其實，基因只會影響一小部份，上述的狀況，仍然具有「後天」的因素！其中，孩童的「咀嚼力」是家長們常忽略的重點。

咀嚼能力影響孩子的健康

孩童的「咀嚼」能力，
對於其身心發展有舉足輕重的影響。

1 對呼吸系統的影響

充分咀嚼的孩子，其「嗆到」和「噎到」的比率會降低，因為上述提到的口內肌肉系統可以非常靈活、協調的作用；舌頭、咽喉的吞嚥搭配也會非常熟練，故食物滑入氣管的機率會降低。另外，充分咀嚼的孩子，頭骨和頸部的發育也會很成熟，故氣管寬度較少有「發育不良」之情形，對於呼吸、睡眠都會有正面的影響。

2 對腦、神經的影響

　　咀嚼是一個涉及大腦、神經和口腔運動的複合過程，充分的咀嚼，對於大腦的專注力、思考力、情緒穩定、語言發展都有不可或缺的幫助！

3 對肌肉系統的影響

　　口腔的肌群非常多（如咬肌、舌肌、頰肌、唇肌、舌骨肌等），充分地「咀嚼」，可使口腔肌肉系統充分受到訓練；每條口腔肌群的肌肉張力都充足，咀嚼、吞嚥、說話、呼吸等功能才能正常進行。

4 對消化系統的影響

　　民以食為天，試想每餐進食若少了牙齒的「咀嚼」，會發生什麼事？咀嚼不僅是將食物咬斷、磨碎而已，舌頭與唾液還會一起作用，將食物混合成「食團」；此外，唾液內的消化酶也會作用，協助食物做第一層次的消化。咀嚼產生以上的功能，皆能幫助吃進的食物，在吞進食道、進入胃、小腸、大腸後，得以順利消化、吸收、排泄。

⑤ 對骨骼系統的影響

充分的咀嚼，才能使骨骼正常的發育，特別是顱顏骨（頭骨），包括牙齒的生長排列、盛裝牙齒的牙床骨（顎骨）發育，甚至面部的外觀，通通與「咀嚼」有關連。

軟食不利孩童健康發展

現在你明白咀嚼對於人類的健康非常重要了嗎？若寶寶一直食用軟食時，甚至持續食用軟食隨著年紀的持續增長，那麼咀嚼對於上述身體系統的好處，全部都會「打折扣」！

例如：吃飯咬不動、嘴巴常沒力氣張開、頭骨長不好、牙齒長歪、情緒不穩、專注力降低、語言發展遲緩、消化功能差、睡眠呼吸障礙等。

口呼吸與鼻過敏一體兩面

在咀嚼力低下裡，最常被牙醫師提出的，莫過於「口呼吸」這件事了！提及「為何現今小孩體弱多病」時，我也一定會跟家長傳達「口呼吸」的概念，它是現代人的文明病，卻也是常被忽略的存在。

你可能聽過現代人動不動就患有「鼻過敏」，但可能沒聽過「口呼吸」，事實上它與鼻過敏是一體兩面！只要了解這個概念後，上述孩子的一切問題都自然可以解開了！

咀嚼刺激減少，使口呼吸比率上升

口呼吸，顧名思義即是用嘴巴來呼吸。人類正常使用的呼吸器官為鼻子，鼻腔富含天生「過濾空氣」之構造（鼻甲、纖毛等），能過濾掉空氣中的致病原，使得吸進的空氣溫潤、乾淨，進而守護身體的健康。

若使用嘴巴呼吸（口呼吸），因口腔無任何過濾功能，病原會直接灌入支氣管、肺中，甚至順著血液循環感染全身，誘發全身性過敏反應及發炎反應。越來越多的研究指出，若幼年食用過軟食物、咀嚼力低落，則口呼吸產生的比率會「上升」。[25]

小提醒

自我檢視！
我有口呼吸嗎？

其實不論是小孩或大人，臨床上發現，有將近50％的口呼吸患者不知道自己有口呼吸。因為在進行口呼吸時，鼻部未必完全阻塞（仍可同時呼吸），所以有些患者完全不自知，甚至有些患者，是白天不會口呼吸但晚上睡覺時，無法控制的「自動口呼吸」。

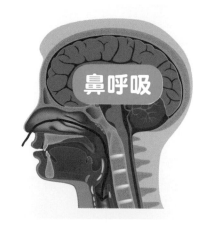

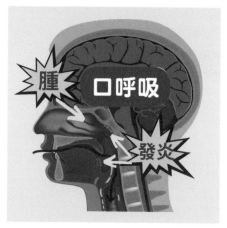

▲ 鼻子的構造才具有過濾空氣的功能，而長期使用口呼吸的人，因吸進的空氣無法得到過濾，容易引發各種發炎、過敏反應。

★ 精緻飲食使頭骨生長發育受限

為何現代人口呼吸比例這麼高？其實，口呼吸的人會這麼多（不論大人、小孩），屬於文明進步的「產物」。

在國際久負盛名的牙科博士安格博士（Peter S. Ungar）曾提出，人類在進入農業社會後，精緻食物就開始成為了主食（相對於遠古時期的粗食），自此人類的頭骨、臉骨發生了改變，食物愈軟，骨頭得到的咀嚼刺激就愈少，因而生長發育就會受限。

當飲食愈來愈精緻，愈來愈軟後，口腔肌肉就不用這麼「費力」工作了！因此口腔的肌肉會變得愈來愈弱小，而當嘴巴肌肉弱小，引發鬆弛時，人類的嘴巴就自然不需闔上了，初期的「口呼吸」就此形成！而鬆弛的口腔肌肉，也會與使得骨頭發育一起變弱，如此一來，口呼吸的貧弱的肌肉骨骼型態就此形成。[21]

小提醒

順帶一提，在遠古時期人類是不需要拔智齒的，因為古人大都吃「粗食」，因此牙床骨都很寬闊，有足夠的空間讓智齒長出。

★ 泥狀、糊狀副食品，助長口呼吸更盛行

現代社會子女數都很少，家長們會更把照顧心力放在少數的子女身上，為了讓孩子得到最好的保護，對於吃飯這件事，家長就會竭力的「幫忙」。

諸如開始食用副食品時，父母會選擇讓孩子食用泥狀物、糊狀物，或者把煮好的食物，用剪刀剪成碎碎的。他們認為孩子還小，無法好好咀嚼，因此將食物製作得軟軟爛爛再餵食給孩子。食用過多軟食的結果也使得孩子的口腔肌肉變得更加弱化，也助長更多口呼吸的機會。

口呼吸對孩童健康 影響深遠

口呼吸對健康的影響非常大，舉凡鼻過敏、鼻塞、扁桃體腫大、氣喘、過動、腸胃道吸收欠佳、齲齒率提升、顎骨發育狹窄、引發牙齒凌亂、睡眠呼吸中止症、打呼、磨牙，這些都可能為口呼吸所引起。

鼻過敏

這是台灣民眾最為困擾的生活症狀：鼻塞、鼻涕倒流、氣味不敏感等，許多人以為，這是單純基因、空氣汙染所致，不過，近年來越來越多的耳鼻喉科醫師發現，這與孩童年幼時養成口呼吸習慣有關聯。

如果孩子在年幼時養成以嘴呼吸的習慣，容易導致髒空氣無法得到鼻子過濾，即進入五臟六腑甚至血液中而引發全身過敏反應，使得鼻子後頭的扁桃腺、腺樣體也會因此腫脹，這時，鼻塞就會產生了！

如果過敏持續發作，連鼻甲也會腫脹，甚至間接影響到鼻部的發育，臨床上發現，口呼吸引發鼻過敏的孩童，鼻部發育常常受阻（短、小、塌陷），而且鼻中膈也容易有彎曲現象。

◀ 鼻過敏為現今兒童的文明病，但許多家長殊不知鼻過敏與「口呼吸」息息相關。

小提醒

是鼻過敏造成口呼吸，
還是口呼吸造成鼻過敏？

其實，這是個討論蛋生雞、雞生蛋的問題。臨床上，都有發現案例，有趣的是，我詢問過口呼吸專家與耳鼻喉科專家相關數據，前者表示現今孩童口呼吸比率為 60%，後者說現今孩童鼻過敏比率為 60%，兩者的數字不謀而合！

也許在探討一個鼻過敏、口呼吸病人的最初原因，可能找不出誰先開始，不過，只要經過適當治療，其中一個改善了，另一個也會改善（如口呼吸改善，會促進鼻過敏改善。）

氣喘

氣喘的定義，是由免疫反應所引發的慢性呼吸道發炎，氣喘可以說是鼻過敏的進階版，鼻過敏的不適部位，侷限在鼻腔、咽喉等，但氣喘的發炎部位，已經順著呼吸道，往下延伸至支氣管、肺等。

如果口呼吸孩童，持續地將髒空氣毫無過濾地由嘴巴吸進去，空氣經過喉嚨後，就會往氣管、支氣管鑽，氣管、支氣管為了「保護主人」，其纖毛與其肌肉就會不斷地抽蓄、抖動，而附近的血管也會開始腫脹、發炎，試圖將致病原排出，上述的動作，其實代表免疫反應被「激發」了，外在來看，氣喘就會不斷發生！[26]

◀ 持續地口呼吸也容易
引發氣喘。

睡眠呼吸中止症

口呼吸嚴重者，會引發睡眠障礙，輕者症狀為打呼、磨牙，嚴重者則會引發睡眠呼吸中止症（Obstructive Sleep Apnea，簡稱 OSA）[16][17]。經睡眠醫學會研究，OSA 發生的年齡，有逐年往下的傾向；若兒童年紀輕輕就 OSA，所影響的層面會更廣，如生長發育障礙、學習力不專注、情緒不穩等。

當氧氣無法有效進入肺部與腦部時，會產生一連串的病症與不適，並干擾睡眠品質（REM 深度睡眠會很難達到，患者常覺得有睡但沒睡飽）、日間疲勞、心血管問題、情緒不穩。經研究指出，小時候就經常口呼吸的患者，其生長發育中，呼吸道也會變得畸形與狹窄，則更容易促使 OSA 發生。

◀ 睡眠障礙，打呼、磨牙、睡眠呼吸中止症（OSA）。

睡眠呼吸中止症

　　睡眠呼吸中止症（OSA）是一種呼吸系統障礙，當睡眠時，咽喉部、舌部的肌肉鬆弛，導致上呼吸道堵塞或狹窄，或是因本身顱內結構問題，阻礙空氣的流動，這會導致暫時性的呼吸停止或減少，甚至「呼吸暫停」！

注意力不足過動症

　　現今孩童注意力不足、過動症的比例，也逐漸升高，大部分會有以下表現：讀書做事時無法專心、容易分心、容易犯錯、活動量大，愛講話、扭來扭去；做事常欠缺考慮、沒耐心、易干擾別人等。

　　談論起注意力不足過動症（ADHD），起初專家認為它原因不明，但近幾年有專家提出可能原因，諸如：教養問題、3C成癮等。但常有一個因子容易「被忽略」，那就是「口呼吸」。

（13）

　　長期口呼吸容易使交感神經興奮，這類孩童容易有衝動、恍惚、分心等狀況；再者，口呼吸不像鼻呼吸，能促使釋放一氧化氮（NO），因一氧化氮能促使血液循環順暢，故長期口呼吸的孩子，腦部血液容易不流通，對於專注力會更加扣分。

　　我在臨床上也發現，85％以上的注意力不集中或過動患者，大部分都有口呼吸問題。可惜的是，目前不是所有家長皆能明白口呼吸對腦部的潛在破壞力，較少接受近一步療程與評估。

◀ 注意力不足、過動症（示意圖）。

腸胃功能受損

長期口呼吸的患者，因為過度**讓**空氣進入了腸胃，在無法有效打嗝、放屁的情形下，造成了腸胃的菌種改變（簡單來說，好菌死了、壞菌變多了），進而引起發炎性腸道疾病（Inflammatory bowel disease, IBD）、腸漏症（eaky gut syndrome）等等。

因此，當我們發現兒童消化不良，試圖以餵食方式幫孩子補充「益生菌」時，也可思索，是否因「口呼吸」正在破壞腸道的好菌？[14][15]

顱顏骨發育狹窄、畸形

人類的頭骨，可說由是一片一片的小骨頭組成的，含額骨、頂骨、顳骨、蝶骨、鼻骨、頜骨、上顎骨、下顎骨等。它們就像是一片一片的拼圖，也可說是互相連接的齒輪，牽一髮而動全身。

在外觀上，我們常會看見口呼吸的患者，容易有鼻部塌陷、中臉骨凹陷等症狀。古代的口呼吸鼻過敏比率，沒有現代來的

高，古代人食用的食物，也沒有現代人精緻，故比對古代與現代人的臉型差異，也會發現有不同之處。[19]

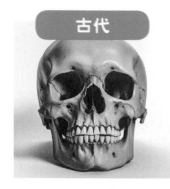

▲ 人類的頭骨 (電腦演算示意圖)，可說由是一片一片的小骨頭組成的，含額骨、頂骨、顳骨、蝶骨、鼻骨、頜骨、上顎骨、下顎骨等，不同的咀嚼習慣，也同時會影響著頭骨的生長，左圖的牙床骨與鼻骨因為充分咀嚼而較為寬闊，右圖的牙床骨與鼻骨，相較之下就小了許多！

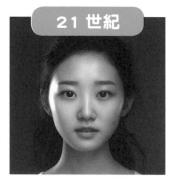

▲ 19 vs 21 世紀的華人年輕女性（電腦演算示意圖），臉部輪廓差異。相較於古代人，現代人比較容易出現 V 臉，以及鼻部、臉頰易凹陷，嘴唇也不容易閉緊（口呼吸）。

牙床骨生長畸形，引起齒列不正

　　長期口呼吸的患者，其口內肌肉
會無力且失調，進階影響骨骼發育，
臨床上常發現口呼吸的孩子，有著畸
形的上顎或下顎骨。因為顎骨（俗成
牙床骨）已經畸形，故長在其上的牙
齒，也容易變得凌亂，因著口呼吸而
暴牙、厚道（戽斗）的孩子，比例逐
年升高。[20]

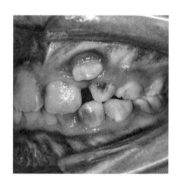

▲ 口呼吸造成齒列不正。

齲齒率上升

　　人類的唾液對於口腔健康很重
要，因它可以幫助中和酸性，清除食
物殘渣，而唾液中的免疫抗體也有抗
菌能力，若口腔中缺乏足夠的唾液，
就會增加齲齒的風險。而口呼吸的患
者，口內存在的唾液大幅減少，故齲
齒率（蛀牙率）會上升！[18]

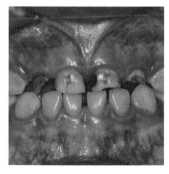

▲ 口呼吸嚴重也容易引發齲
齒（蛀牙）。

「吃飯」這一件小事，左右未來孩子的健康

看到了這一連串的孩童病症，你想必非常驚訝吧？！居然都跟口呼吸、肌肉骨骼弱化有關！而「口呼吸」的最原始原因，專家們一直在推論的，會追溯至嬰兒期被餵食的「軟爛食物」開始。這也是為何很多的專家學者，一直鼓勵寶寶要多吃固態食物（Solid food），而 BLW（Baby Led Weaning）就是讓寶寶學習吃固態食物中最簡單的入門。

所以我為什麼在起初經歷許多人的反對、誤解，仍然堅持想讓自己的孩子實行 BLW，因為我是看著他長遠未來而做的。很高興我也撐過了撞牆期，兩寶都順利能自己飲食，自己控制食量，自己嘗試吃新食物。

★ 遠離「口呼吸」！我的孩子們實踐 BLW 的成果

在我的門診中，口呼吸的孩子實在太多了，家長就算命令孩子「嘴巴閉起來」，仍然徒勞無功，因為孩子長時間的嘴部肌肉弱化，導致平常閒暇時間，嘴巴都是「鬆弛開開」的。就算孩子清醒時努力地閉上嘴巴，但到了睡著時，仍然「原形畢露」！

 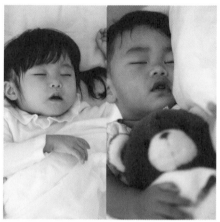

▲ 兩個兒子（攝於小麻糬 1y5m ／小湯圓 1y9m）睡覺時，嘴巴會自然闔上。反觀一般同年齡 1 歲多的孩童，若是傳統湯匙餵食長大的，睡著時嘴巴仍容易打開，導致持續口呼吸。

　　正因如此，我開始對我兩位做 BLW 的兒子勤加觀察：「到底他們睡覺時，嘴巴會開開的，還是閉起來呢？」答案是：可以成功閉起來！（如上圖）因為長期執行 BLW，口腔所有肌群充分訓練的關係，得到了這樣的結果。因為少了口呼吸，致病原不容易進入體內，過敏也會比較少，我們的孩子的確「生病看醫生」的頻率較低。

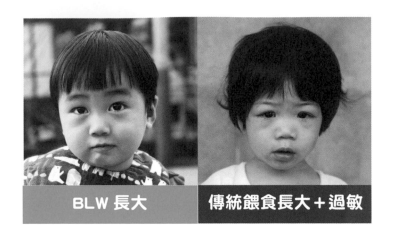

如果孩子是醒著的狀態，我們來觀察 BLW 長大的孩子與傳統餵食的孩子，其臉部展現的差異。如圖，左方為小麻糬 1y9m（完整透過 BLW 長大），右方為某兒童（傳統餵食長大）現正患有鼻過敏，年齡與小麻糬差不多。我們可觀察孩子「臉頰的肌肉紋理」，左方的臉頰肌肉，明顯是札實與強壯的，而右方的臉頰肌肉比較柔弱，實際用手「捏」兩者的臉頰質地，可以感覺明顯差異；左方的嘴部曲線是較平的，而右方的嘴巴明顯「翹翹的」，且不太容易閉緊嘴唇。

有人問我：「一開始就知道 BLW 孩子臉部會長這樣嗎？」當然不可能！我也是自己養了孩子才知道。一般人認為 BLW 不過就是讓「原本要餵食的食物」，改成「讓孩子自己吃」，如此而已；但我認為不然，除了讓我的孩子自己吃，我也幾乎讓他吃「原型食物」。另外，我總是循序漸進地「提升」食物的大小與質地，讓孩子的口腔獲得充分咀嚼與訓練。

接下來，下個章節，會帶大家如何起步與實作。

參考文獻

1. Rapley G. Baby-led weaning: the theory and evidence behind the approach. J Health Visiting. 2015;3（3）:144-151.

2. Daniels L, Heath AL, Williams SM, et al. Baby-led Introduction to SolidS （BLISS） study: a randomized controlled trial of a baby-led approach to complementary feeding. BMC Pediatr. 2015;15:179.

3. Brown A, Lee MD. Early influences on child satietyâresponsiveness: the role of weaning style. Pediatr Obes. 2015;10（1）:57-66.

4. Brown A, Jones SW, Rowan H. Baby-led weaning: the evidence to date. Curr Nutr Rep. 2017;6（2）:148-156.

5. Arden MA, Abbott RL. Experiences of babyâled weaning: trust, control, and renegotiation. Matern Child Nutr. 2015;11（4）:829-844.

6. Rachael W. Taylor, et al. Effect of a Baby-Led Approach to Complementary Feeding on Infant Growth and Overweight

7. Rapley, Gill. Baby-Led Weaning, Completely Updated and Expanded Tenth Anniversary Edition: the Essential Guide to Introducing Solid Foods-And Helping Your Baby to Grow up a Happy and Confident Eater. Experiment LLC, The, 2019.

8. Overland, Lori L., and Robyn Merkel-Walsh. A Sensory Motor Approach to Feeding: Lori L. Overland and Robyn Merkel-Walsh. TalkTools, 2013.

9. 黃奇卿醫師 - 全臉矯正（Dr. Chi Ching Huang, Full Face Orthodontics,2018）

10. Fangupo LJ, Heath ALM, Williams SM, Erickson Williams LW, Morison BJ, Fleming EA, Taylor BJ, Wheeler BJ, Taylor RW. A Baby-Led Approach to Eating Solids and Risk of Choking. Pediatrics. 2016;138（4）:e20160772. 10.1542/peds.2016-0772. [PubMed]

11. Brown A. No difference in self-reported frequency of choking between infants introduced to solid foods using a baby-led weaning or traditional spoon-feeding approach. J Hum Nutr Diet. 2017. 10.1111/jhn.12528. [PubMed]

12 .Taylor RW, Williams SM, Fangupo LJ, et al. Effect of a baby-led approach to complementary feeding on infant growth and overweight: a randomized clinical trial. JAMA Pediatr. 2017;171（9）:838-846.

13. Nagy A. Youssef, MD, et al. Is obstructive sleep apnea associated with ADHD? ANNALS OF CLINICAL PSYCHIATRY 2011;23（3）:213-224

14. Terry Bolin, "Wind: problems with intestinal gas," Australian Family Physician 2013; 42 （5）: 280-283. R.A. Hinder, G.P. Fakhre, "A question of gas," Digestive and Liver Disease 2007; 39: 319- 320.

15. Kevin P. Pavlick, F. Stephen Laroux, John Fuseler, et al., "Role of reactive metabolites of oxygen and nitrogen in inflammatory bowel disease," Free Radical Biology & Medicine 2002;33（3）: 311-322. Akshat Talwalkar, Kaila Kailasapathy, "The Role of Oxygen in the Viability of Probiotic Bacteria with Reference to L. acidophilus and Bifidobacterium spp.," Curr. Issues Intest. Microbiol. 2004;5: 1-8. Valérie Andriantsoanirina, Solène Allano, Marie José Butel, Julio Aires, "Tolerance of Bifidobacterium human isolates to bile, acid and oxygen," Anaerobe 2013;21: 39-42. Michael Graham Espey, "Role of oxygen gradients in shaping redox relationships between the human intestine and its microbiota," Free Radical Biology and Medicine 2013;55: 130-140. lurii Koboziev, Cynthia Reinoso Webb, Kathryn L. Furr, Matthew B. Grisham," Role of the enteric microbiota in intestinal homeostasis and inflammation," Free Radical Biology and Medicine 2014;68: 122-133.

16. Feng, Guangyao MD, et al. Differences of Craniofacial Characteristics in Oral Breathing and Pediatric Obstructive Sleep Apnea. Journal of Craniofacial Surgery 32（2）:p 564-568, March/April 2021.

17. M.F. Fitzpatrick, et al. Effect of nasal or oral breathing route on upper airway resistance during sleep. European Respiratory Journal 2003 22: 827-832.

18. Fabiane Piva, Juliana Kern de Moraes, Vitor Rezende Vieira, Alexandre Emídio Ribeiro Silva, Raquel Massotti Hendges, Gilberto Timm Sari. Evaluation of the association between indicators of oral health and sociodemographic variables in children with orofacial clinical signs of chronic mouth breathing.

19. Annel Chambi-Rocha, et al. Breathing mode influence on craniofacial development and head posture. Jornal de Pediatria, Volume 94, Issue 2, March–April 2018, Pages 123-130

20. Lizhuo Lin, et al. The impact of mouth breathing on dentofacial development: A concise review. Public Health, 08 September 2022.

21.Peter S. Ungar. Evolution's Bite: A Story of Teeth, Diet and Human Origins. Princeton University Press, 2017. SCIENTIFIC AMERICAN, A DIVISION OF NATURE AMERICA, INC, 2022.

22. Rachael W Taylor., et al., Effect of a Baby-Led Approach to Complementary Feeding on Infant Growth and Overweight: A Randomized Clinical Trial.

23. Lisa Daniels ,et al.,Modified Version of Baby-Led Weaning Does Not Result in Lower Zinc Intake or Status in Infants: A Randomized Controlled Trial.

24. Nazareth Martinón-Torres, et al., Baby-Led Weaning: What Role Does It Play in Obesity Risk during the First Years? A Systematic Review.

25. Juliette Tamkin, Impact of airway dysfunction on dental health, Bioinformation. 2020; 16（1）: 26–29.

26. Dr Manuel S Thomas, et al., Asthma and oral health: a review. Australian Dental Journal, 21 May 2010.

Part 3

侯侯醫師家
餐桌上的 BLW
實踐分享

BLW 家長的信念：
讓寶寶吃得健康、享受

　　我想對於讓寶寶實行 BLW（Baby led weaning，寶寶主導式離乳法），沒有人是起初就有經驗的，就連我也是一樣，許多人都是第一次當父母。只要擁有對 BLW 認知的初始信念（大原則），就算開始了！其他的擔憂，不用過度去想，放寬心吧！

　　我在書裡已經詳實記載很多做法和迷思，相信您（妳）會更快速上手。另外，請相信：寶寶「內建」的飲食能力遠遠超乎你的想像！

TIPS！

　　我想執行 BLW 的信念是：我要讓寶寶吃得「健康」、吃得「享受」，在安全的前提下，於桌上進行任何「嘗試」與「玩耍」，讓他因吃食物而得到「滿滿的幸福」。

　　您也同意我的信念嗎？那就一起開始吧！

第 **1** 步　開始前需具備的相關知識

　　BLW 具備多優點且與傳統式的匙餵有許多不同處，家長得先有初步的了解，才不會手忙腳亂。

1　BLW 是讓孩子主動抓取食物（放掉湯匙！）；
傳統方法則是用湯匙餵食。

2　BLW 鼓勵吃「原型食物」；
傳統台灣餵食法摻雜很多加工品。

3　BLW 不剪碎食物（放掉食物剪！），
大都吃固態食物（solid food）；
傳統餵食法常常剪碎食物。

4　BLW 鼓勵讓孩子飲食「自己開始、自己結束」；
傳統餵食法常半強迫孩子吃完食物。

BLW 和傳統餵食的差異

BLW	傳統
讓孩子主動抓取食物	使用湯匙餵食
鼓勵吃原型食物	摻雜很多加工品
不剪碎食物	常常剪碎食物
讓孩子飲食自己開始、自己結束	常強迫孩子吃完食物

第 2 步　何時開始？

　　當寶寶 6 個月左右，可以自己坐直、會自己把手伸進嘴巴，或拿東西塞進嘴巴舔咬、對食物有興趣時，代表以上生理條件已具備好，即可開始 BLW 了！

Point

開始時機

☑ 6 個月左右，可以自己坐直。

☑ 會自己把手伸進嘴巴、或拿東西塞進嘴巴。

☑ 對食物有興趣時。

第**3**步 布置用餐環境

　　BLW 的寶寶在自己抓取食物、玩食物的過程中，可能會將用餐環境弄得很髒亂，挑戰照顧者的神經。事實上，只要預備好用餐環境、善用輔具，就可以減輕收拾的困擾。

防髒餐墊　　防髒餐服

餐椅+
椅背防髒護套

防滑餐盤

▲ 寶寶 BLW 用餐環境的布置參考。

衣服　　　寶寶在以 BLW 行式用餐時，一定會把衣服弄髒。若家長想降低衣服清洗的難度，可以購買防髒的用餐衣服、防髒圍兜，或是容易清潔的衣物。避免難以清潔的精緻衣物。

餐椅	雖然執行 BLW 的寶寶，大都已 6 個月大能夠坐直，但以小朋友好奇摸索的天性，難保全程都「乖乖地坐著」，故堅固、不易傾倒的椅子，甚至擁有「安全扣帶」的餐椅比較推薦。
餐盤	BLW 中，使用餐盤承裝食物很普遍。不過要注意，寶寶也可能把餐盤當成「玩具」，打翻餐盤的狀況時有所聞，若家長不希望餐盤被打翻，有防滑功能、吸盤吸附的餐盤比較推薦。
餐墊（選擇性）	餐墊是墊在餐盤下的工具，基本上也是防髒、防滑的功能，降低寶寶將食物潑灑出去的程度，家長可自行決定要不要使用。
地墊（選擇性）	就算 BLW 寶寶在椅子上吃得很好，防滑餐盤、餐墊也都準備了，食物仍有可能被潑灑、噴濺或被丟出來，所以在寶寶的椅子下方鋪上地墊，純粹是為了降低髒亂，這是選擇性的，也有家長養成每次吃完飯就拖地的習慣（認為這樣比較快），也就不使用地墊了。

 **第4步 開始準備食物**

執行 BLW 爸媽最頭疼的大概就是食物該怎麼準備？事實上，BLW 多半為原型食物，備餐方式與傳統副食品比起來反而更便利。

★ 食物的質地

開始時　軟的固態

若是剛執行 BLW 的 6 個月寶寶，咀嚼能力還不熟練，給予的固態食物，可以烹煮至軟一點，但這些半泥狀或漿果類食物，必須仍保持「固態」，不宜過度軟爛，因為要能讓寶寶「輕易抓起與啃咬」。

 食物範例

- 蒸軟的地瓜
- 蒸軟的南瓜
- 蒸軟的蘋果
- 飯糰等

 小提醒

漸進式進步

初期 BLW 寶寶的進食，啃咬方式會很不熟練，吃相怪異，屬正常現象。因為寶寶剛要從喝奶的「吸吮動作」進化到對於副食品的「啃咬、咀嚼動作」，口腔肌肉肯定是需要練習的。

適應後 逐漸調高食物硬度

等寶寶日後吃東西逐漸熟練，硬度更高的食物即可端上桌！這時就算寶寶沒長牙，或牙齒數目仍少，但因本身顎骨十分堅硬，故仍可充分進行食物的咀嚼。

 食物範例

- 小黃瓜
- 玉米
- 豬肉塊
- 青菜
- 整隻雞腿

★ 食物的大小

剛開始 手指食物

寶寶剛進行 BLW 時，對於食物的大小及型態，我推薦準備成「手指食物」（finger food）。手指食物，意指能讓寶寶一手即抓取的食物，可以是塊狀、長條狀等；幾乎任何食物都可以被切成手指食物，或者原本的大小就是。

 食物範例

- 小切長條的胡蘿蔔
- 切長條的小黃瓜
- 玉米筍
- 水管麵

小提醒

有些家長希望寶寶能夠容易咀嚼、好咬，反而把食物切太小，事實上，這樣反而會不好抓，甚至增加寶寶噎到的風險。

適應後 各種食物

等到寶寶吃得更熟練，認知能力也提升，我建議將各種不同大小、形狀的食物都給予寶寶嘗試，不用再「拘泥」於手指食物。提供更大、不規則型狀的食物的好處有三：

好處

1 熟練的寶寶能夠拿起、兩手抓起、捧起，如此可以刺激寶寶的感覺統合。

 食物範例

- 1 顆橘子
- 1 條肋排
- 1 顆地瓜
- 1 株小花椰菜
- 1 顆蘋果

好處 2

能夠訓練寶寶的咀嚼、撕咬能力，如果全都是手指食物，那寶寶的咀嚼永遠會被侷限。整顆蘋果與切片的蘋果，其實進行一陣子的 BLW 寶寶都是可吃的，但永遠都是切片的蘋果「比較好咬」；但其實整顆蘋果，可以充分訓練寶寶撕咬、啃食的口腔肌群，這是前者做不到的，如同第二章所述，讓寶寶充分咀嚼，好處多於壞處。

 食物範例

- 整顆削好的小蘋果
- 1/2 ～ 1/4 顆水梨
- 整根小胡蘿蔔

好處 3

可認識該食物的原型，認識食物的原型，有助於寶寶腦內的食物記憶，以及方便培養對食物的認知與喜好。試想看看，給予寶寶「1 整隻雞腿」，或是 1 片「手撕雞腿肉」，寶寶對食物的認知會一樣嗎？一定不一樣的，手撕雞腿肉雖然達到「手指食物」的大小，但長期下來，寶寶永遠不了解它源自於整隻雞腿。

 食物範例

- 1 隻雞腿
- 1 根香蕉
- 1 顆水煮蛋
- 1 朵香菇

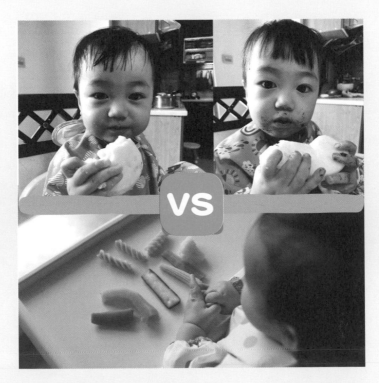

▲ 下方是常見的細長型手指食物，而上方是大塊的食物（圖中是整顆蘋果與 1／4 顆大水梨），我建議於寶寶 BLW 技巧成熟時，不用一直拘泥於手指食物的大小，可以讓他啃食更大塊的食物。

109

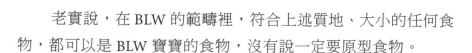

第 **5** 步　食物來源首推原型食物

　　老實說，在 BLW 的範疇裡，符合上述質地、大小的任何食物，都可以是 BLW 寶寶的食物，沒有說一定要原型食物。

　　原型食物的定義為：可以看出原本樣貌或狀態的食物，不用加工或只需簡單烹煮即可食用。生活當中常見的原型食物有：新鮮的肉類、蛋類、蔬菜、水果、堅果、地瓜、馬鈴薯等。

　　與原型食物相反的，就是加工食物了，例如：麵條、麵包、肉丸、菜泥、糕餅等。現代生活中，很難全吃原型食物，這是社會性問題，不管大人小孩都是，但這邊會補充為何推薦原型食物給 BLW 寶寶，家長可再自行斟酌比例即可。

▲ 原型食物 vs 加工食物。

★ 為什麼我建議多攝取原型食物？

1 質地優勢

原型食物的質地，大部分容易抓取。例如：帶皮的地瓜、香蕉、蘿蔔等。而原型食物咬起來的口感，也較多元，如地瓜是軟、蘋果是脆而多汁、蘿蔔則有特殊的香氣，可以增強寶寶的感官經驗促進感覺統合。

2 營養價值

原型食物的營養價值，往往比加工品高（不論是蛋白質、澱粉、脂肪、礦物質、維生素等等），而且蔬果類原型食物含有天然的纖維，可以促進體內生成好的益生菌，以及促進腸道蠕動，多吃原型食物的 BLW 寶寶，較少有便秘情形。（1）

3 家長備餐難度低

原型食物是可以買來，直接吃或者簡單切、煮即可讓寶寶食用，故家長在備餐上，難度降低許多。

④ 避免吃入不必要的加工品

寶寶從一出生開始，其實不自覺得就會吃下很多加工食物。例如：寶寶米餅，看似唾手可得、簡單營養，但有半數的米餅，含有麵粉、人工色素、甜味劑、防腐劑等，影響寶寶的健康。所以如果 BLW 寶寶習慣吃原型食物，則可避免掉加工品對健康的妨害。

開始 BLW！進行中的注意事項

當您已經具備上述的一切準備程序：確認寶寶身體達到條件、布置好用餐環境，也準備好食物上桌，接下來就是跟寶寶一起吃飯了！

但剛開始，寶寶的反應往往「跌破大人的眼鏡」，甚至「嚇到」照顧者，因為表現得跟「野獸」沒兩樣！但我還是先替照顧者打預防針，寫下「進行中注意事項」。

　　總歸一句話，只要在安全的前提下，寶寶做的任何嘗試與玩耍，都屬正常現象！他（她）是剛來到這世界上沒幾個月的孩子，對這周遭的事物充滿好奇，若照顧者設身處地用寶寶的角度來看待吃飯這件事，就會放寬心許多。

 **侯侯醫師解答：
照顧者最關心的問題**

 寶寶吃不多？

　　一開始，寶寶吃不多，絕對正常。他在練習抓、咬、吞食物的過程，身體的肌肉神經系統會得到充分的訓練。別擔心，耐心等待，準備好食物後就不要過分干預，他會自己越吃越好！寶寶 6 個月剛實行 BLW 時，吃進去的食物可能不多，若擔心熱量營養攝取不足，原本喝的奶（母乳或配方奶）可以繼續喝，但當寶寶對固態食物的需求逐漸增加時，奶量就必須逐漸減少。

寶寶的吃相會很恐怖嗎？

　　寶寶的吃相，常常會跌破大人的眼鏡，舉例來說，拿食物舔、啃咬時弄得滿臉、滿手、滿頭都是蔬菜渣，拿著食物亂丟、亂玩，甚至頻頻往下丟在地上等，各種大人無法理解的怪異動作。我常常勉勵家長，剛開始吃 BLW 的寶寶，往往吃得跟野獸一樣！有時甚至會伴隨著哭鬧，但那都是正常的反應。請好好讓寶寶享受這個探索食物的過程。放心！隨著時間的推進，寶寶的吃飯方式會越來越成熟。

 經常可見髒亂的場景？

　　如前所述，BLW 造成用餐環境髒亂是必然的，頭髮、臉、耳朵、鼻子、手、桌子、地面以及其他您想不到的地方！若想降低髒亂程度，可以購買一些用餐輔具，如用餐服、餐盤、地墊等（請參見「第 3 步：布置用餐環境」）。

寶寶作嘔？！噎到了嗎？

這是許多家長擔心的問題，：寶寶會因執行 BLW 噎到？！看到寶寶擺出「噁心、嘔吐」的樣貌，家長的神經就開始緊繃起來了！但首先，要先區分「嘔到」與「噎到」的差別：[2]

嘔到（gagging）　正常的生理反射

是正常的生理反射機制，當食物塞進喉嚨太深時，喉部肌肉會自動將食物往前推，也會伴隨著臉部脹紅、咳嗽、作嘔聲等。寶寶相較於大人，作嘔的「觸動點」會位於「更前面」的位置，意即食物尚未進入氣管，寶寶可能就已經作嘔了，這並不代表噎到。因此，作嘔很常出現在初期執行 BLW 的寶寶身上，甚至是一個讓寶寶「學習」下次安全處理食物的機會，諸如：如何有效咀嚼、食物不要一次塞進嘴裡太多、怎樣吞才會順利進入食道等。

隨著年齡漸大、咀嚼吞嚥越來越熟練，作嘔的比率就會降低了。我常會拿寶寶走路來比喻：家長若希望寶寶走路走得好，那一定得讓寶寶摔倒幾次，因為那是必經過程。寶寶需要從錯誤中學習，同理，要讓寶寶好好吃下、吞下抓來的東西，也是如此！

115

噎到（choking） 具致命風險

食物完全阻塞呼吸道，阻礙呼吸，而這也是真正有致命風險的情況，因為會導致寶寶窒息（apnea），寶寶會很安靜無法發出聲音，並伴隨臉色發紫，照顧者會需要使用「拍背壓胸法（又名「嬰兒版哈姆立克法」）」來急救。

什麼是嗆到？

相較於嘔到、噎到，中文「嗆到」一詞，主要是描述食物「部分刺激」呼吸道導致咳嗽的情形，因為不論 BLW 寶寶或傳統餵食寶寶都會發生，大人自己吃飯、喝水也會發生。嗆到時，因為食物會被喉嚨肌肉、氣管肌肉強制排出，伴隨著咳嗽、臉部脹紅，事實上是仍可自主呼吸的，故其實沒什麼生命危險，家長可以冷靜看待此事。

事實上，噎到與嗆到的英文字源都是" choke "，這點台灣與國外的用語略有不同。

小提醒

1 歲以下嬰兒噎到的處理方式

1 當嬰兒有噎到情形時，大人請以一隻手臂撐起小孩身體、手指扶住下巴，讓寶寶臉朝下，寶寶是俯身狀態，並且臀部抬高；另一手以掌根拍擊寶寶兩肩胛骨中點處，一次拍打 5 下。

2 接著，將寶寶翻回正面，以兩根手指頭於寶寶兩乳頭連線中點處下方，連續下壓 5 次，每次需達 2 公分左右。若寶寶尚未把異物吐出，請重複背部拍打及擠壓上腹部的動作，直到東西吐出來為止。

詳細操作方式
請詳閱書中內文

1 拍背5下   **2** 壓胸5下

▲ 拍背壓胸法示意圖。

　　不過，如同文獻和實驗結果顯示，BLW 並不會增加嘔到或噎到的風險，意思是，不論寶寶是傳統湯匙餵食或者執行 BLW，嘔到與噎到風險是一樣的。既然如此，學習噎到急救技巧，則是每個照顧者必備技能，而非針對 BLW 而做。因為寶寶仍有可能一定機率誤食異物，如銅板、小玩具、積木等。

照顧問題 寶寶作嘔時，需要處理嗎？

區分完「嘔到」與「噎到」的差別後，我可以很坦白說，絕大多數寶寶擺出作嘔的狀況，嘔到（gagging）的情況占多數。其實面對嘔到，照顧者是不需要介入、不須拍背、不須將食物摳出的，用外力將食物摳出反而更危險！

正確的做法是： 觀察寶寶的臉部是否漲紅，是否仍有在換氣？如果有，就可放心，冷靜等寶寶自行將食物嘔出（或咳出）即可。當然，也一定會有新手爸媽會問：「我就是新手爸媽呀！這是第一個孩子，怎麼能快速區分是嘔到或噎到？這太令人神經緊繃和困難了，要是真的噎到、錯過黃金急救期怎麼辦？」的確，當第一個孩子第一次嘔到時，我也是緊張萬分，直到他嘔到第三次，我才比較明白且心情放鬆（當然第二個孩子執行BLW遇到作嘔，我就泰然自若了）。

小提醒

侯醫師小技巧

當寶寶開始擺出「作嘔」的動作、神情、甚至伴隨咳嗽時：

1 請先告訴自己的大腦「冷靜！深呼吸！先觀察寶寶 8 秒鐘！」

2 緊接著觀察寶寶臉部是否漲紅（而非發紫）且發出聲音，這 8 秒，可以讓你保持冷靜。另外，也可讓寶寶喉部的肌肉有足夠時間將食物排出。

3 如果觀察 8 秒鐘到了，寶寶仍沒有將食物排出，而且寶寶也沒發出聲音、臉部發紫，再趕緊施行拍背壓胸法即可！

照顧
問題 **照顧者如何在餐桌上陪同？**

當寶寶已經在餐桌上吃起（玩起）食物了，同樣在餐桌進食的大人，該做些什麼呢？坦白說，做越少越好！請你好好吃自己的飯菜吧！目光自然地注視著寶寶，和他對話、有說有笑，讓他充分感覺到你的陪伴，這樣就足夠了！

其實當有照顧者陪寶寶吃飯時，寶寶腦部的「鏡像神經元」會啟動，逐漸模仿眼前照顧者的吃飯模式 [3]。當然，您不必為了寶寶放棄手上的筷子或湯匙而用手抓食物，寶寶在跟您一起吃飯、對話（也許還在牙牙學語）的時候，他已經逐漸在學習，如何在餐桌上正常吃飯。

 小提醒

鏡像神經元

意指人類會不自覺地模仿眼前的人、事、物之行為，就好像腦中裝有一面鏡子，而處理這樣行動的神經元，普遍位於大腦的皮質區。寶寶因為生活經驗不如大人豐富，腦袋如同一張白紙，眼前的大人做什麼，寶寶都看在眼裡，模仿效率是極高的。

寶寶吃得不如預期，該幫忙嗎？

有些照顧者，在吃飯時，會很想「干預」寶寶的吃飯行為，例如：「你趕快吃這顆蘋果啊！你怎麼不吃蘋果呢？」「不要玩食物！都跟你說不要玩了！」「慢慢咬喔！不要吃太快！」你會發現，這些干預，其實對寶寶的吃飯沒什麼幫助，有時你越這麼說，寶寶越會往相反的方向去做。

照顧者真正要做的，是好好觀察。舉例：寶寶這次的食量如何？（相較於過往），寶寶的精神狀況好嗎？是否樂在其中？有無嘔到（gagging）？這些觀察與紀錄，會是下一餐備餐時的寶貴依據。

看似做很少，看似只觀察不介入，這卻是現代家長很深的一門功課：這不只適用於吃飯，也可以放大至教養的其他環節！（許多親子教養專家也有如此的論點）。

▲（示意圖）當有照顧者陪伴吃飯時，寶寶腦部的鏡像神經元會啟動，逐漸模仿眼前照顧者的吃飯模式。

121

雖然前面的篇幅有提到，這邊再幫大家複習一次陪伴寶寶 BLW 的口訣：

陪伴寶寶 BLW 的口訣

請讓寶寶自己開始、自己結束，
過程不要過度干預。

父母全程用餐陪同，
多觀察，少命令。

區分「嘔到」與「噎到」反應。

尊重寶寶的吃法、尊重寶寶的食量、尊重寶寶的選擇（食物）。

如何判斷寶寶吃飽了？

隨著家長與寶寶在餐桌上相處的時間越來越多，寶寶的「吃飽反應」會越來越明顯。以下是幾個寶寶可能的吃飽反應：

★ 寶寶吃飽的反應

1 吃食物的速度越來越慢，到某一刻就不再吃或意興闌珊、打呵欠。

2 開始頻繁地玩起食物來。

3 用「哭」來表示。

4 會開始頻繁地把食物丟出（或丟到地上）。

5 把食物、餐盤推開。

6 想要起身離開餐椅。

對於剛開始執行 BLW 的寶寶，要判斷他的吃飽訊號並不容易，因為可能夾雜著練習帶來的挫折和情緒。不過，家長也不用因為「無法判斷」而太擔心，因為這階段練習的重要性大過於吃飽，如果寶寶初期吃得不多，還是可以透過喝奶來補充營養。

★ 讓寶寶自己做自己食量的主人

順帶一提，有些家長一旦了解寶寶的食量後，就會開始每餐都給一樣的份量，甚至寶寶提前發出吃飽訊號，家長看著眼前沒吃完的食物，反而擔心起來。這點請家長不必擔心，因為寶寶自身是最忠於生理運作的，早、中、晚餐的食量未必會一樣。此外，前一餐好不好消化？排便正不正常？當天運動量等都會影響寶寶每餐的食量；不建議家長為了達成心中衡量的食物量，而勉強寶寶吃完某食物，**請讓寶寶自己做自己食量的主人。**

寶寶應該要避免的食物？

多半家長都希望在執行 BLW 時，寶寶可以吃得「安全」！除了上述我已經說明嘔到、噎到、嗆到的區別，以及在吃飯時難免會嘔到、嗆到等情況後。食物的選擇是否也會影響噎到的機率呢？

應避免備製 食物 **1** 容易噎到的食物

其實是有的！答案是：請盡量避免「骰子般大小的食物」也就是丁狀食物！這是指食物的體積、形狀要慎選，如果該體積容易直接滑進寶寶的呼吸道，那起初就建議避免。舉例：整顆葡萄、整顆小番茄、堅果、切丁的水果或蔬菜。

★ 寶寶餐桌會出現食物的型態

下面我簡單將照顧者可能會製備的食物，依大小形狀分成五類，包括：泥狀食物、細碎狀食物、丁狀食物、塊狀食物、整顆食物，供照顧者參考。

泥狀食物

大部分是採用湯匙餵食才會出現，質地十分軟爛，幾乎不用咀嚼即可吃下。但 BLW 的寶寶很少接觸到（因為手常常抓不起來）。

細碎狀食物

是現代家庭蠻常出現的製備食物型態，將切碎的菜、肉、飯，搭配混在一起，因為許多家長希望讓小孩「好咀嚼」，另外，也試圖避免小孩噎到，但在實際案例上不一定有效。

丁狀食物（骰子食物）

這個篇章的主角，因為比較容易造成噎到（完全卡住呼吸道咳不出），舉例：整顆葡萄、整粒小番茄、堅果、切丁的水果或蔬菜。故建議不要提供給初期 BLW 的寶寶；待觀察寶寶吃飯非常進入狀況，才可開始嘗試給予。

塊狀食物

大小比丁狀食物更大，如切塊的肉、整片水果、塊狀地瓜等。執行 BLW 時可以使用。

整顆食物

意思是幾乎沒有切的食物，如整顆蘋果、整隻雞腿、整片蔬菜、整根胡蘿蔔。執行 BLW 時可以使用。

★ 初始時骰子般大小的食物較易較噎到

看完上面的整理，您會發現：真正會完全卡住呼吸道咳不出（噎到）的食物，屬於丁狀食物（骰子食物）。事實上，比丁狀食物小或大的食物，噎到機率就沒那麼高。

但國內許多家長只願意「往下修正」，把食物切得更小、甚至弄得更軟，但卻很少人會選擇比丁狀食物「大」的食物（塊狀食物、整顆食物）。

事實上，它們也有降低噎到風險的好處，因為孩子無法一口吃下這些大的食物，需要用牙齒咬下部分而咀嚼吞下。在這過程中反而是更安全的，而且如同我在第二章所述說的肌肉理論，只有大的食物（塊狀食物、整顆食物），才能夠充分訓練孩子的咀嚼肌力。

學會咀嚼及吞嚥後可嘗試

順帶一提，以上的降低噎到資訊，都是給「初期」吃 BLW 的寶寶參考，難道寶寶以後都不能碰丁狀食物、骰子食物嗎？倒不是，一旦寶寶熟悉吃飯咀嚼的技巧後，後面丁狀食物也可以吃得很上手、很安全了！

我自己的寶寶在 6 個月開始 BLW 時，的確會避開丁狀食物、骰子食物，但到了 11 個月左右，在觀察寶寶吃飯非常進入狀況，才開始嘗試給予一些丁狀、骰子食物（如小葡萄、小番茄、小豆子），發現其實寶寶都吃得不錯，也非常能分辨咀嚼的力道和吞嚥技巧，我們以後就放心了！

應避免備製 食物 **2** 調味料

鹽

　　1 歲之前的寶寶，每天攝取的鹽分不應吃過 1 公克；1 ～ 3
歲的幼兒，每天鹽分攝取不超過 2 公克，因為寶寶的腎臟尚未
發育成熟，所以照顧者在烹煮食物時要多注意。外面販售已經
煮好的熟食，或者加工品食品的鹽分大多超過標準，因此，對
於寶寶來說，就不大適合。

加工糖（添加糖）

　　糖分有兩種，一種是天然食物本身即擁有的糖，如水果、
甘蔗、甜菜，另一種是人工製成的添加糖，如餅乾、糖果、飲料。
我建議前者可以適量攝取，後者對於寶寶則要盡量避免，添加
糖本身沒有營養價值，只是為口感加分而已。WHO 建議，1 ～
3 歲孩童每日攝取不應超過 28 ～ 33 克的糖分（1 瓶養樂多含糖
量約 15 克、優酪乳為 20 克、調味牛乳與市售柳橙果汁則皆約
35 克左右）。

糖分攝取過多，除了會蛀牙、肥胖之外，也會促使心血管疾病、提高過敏機率、引發孩童注意力不集中等問題。家長在選擇食材、食物時，若食材是外來的，務必檢視營養標示，許多加工食物其實內部已經含添加糖了，但家長和幼兒卻不知情，例如：麵包。

蜂蜜

生的蜂蜜，建議寶寶 1 歲以後再吃，雖然不屬於人工添加糖，但是可能內含許多過敏原或肉毒桿菌，需要寶寶 1 歲後免疫力、器官成熟點再食用。

含咖啡因飲料

咖啡、茶、可樂，都含有咖啡因，其實為刺激物，會影響寶寶的消化吸收與情緒。

如何衡量
寶寶該吃多少營養？

細心的家長通常會希望寶寶每餐的營養都要均衡且足夠，所以很願意在準備食材上花心思，也會請教營養師等。不過在 BLW 的範疇，既然是讓寶寶主導飲食，他大都不會 100％吃下您精心準備的均衡食物。

舉例來說，有的寶寶只會一直吃他喜歡的香蕉，而將蔬菜丟在地上，或是把眼前的蘋果推開，只吃他愛吃的魚。不過，那並不會直接影響寶寶的健康攝取[4]，也沒有醫學證據顯示它即會造成立即性的營養不良，而且往往寶寶在該餐雖然不吃某種食物，但在成長至某時期時，可能又願意吃了。

★ 寶寶每日營養攝取原則

我常呼籲家長，別那麼焦急，也別積極去干預寶寶吃飯，多給寶寶一點空間和時間。不過，對於寶寶的營養攝取，仍然有些基本原則可以參考。

1 原型食物的營養價值較高

1 顆蘋果，即含有碳水化合物、脂肪、蛋白質、維生素 B1、B2、B6、C、熱量、膳食纖維、磷、鎂、鈣、鐵、鋅、納、鉀。1 顆地瓜，即含有蛋白質、脂肪、碳水化合物、熱量、維生素 A、B1、B2、C、E、胡蘿蔔素、硒、錳、鈷、鉀、鈣、磷、鐵、鎂等。讓寶寶食用原型食物，就算他初期只愛吃固定幾種，許多營養素都能攝取到；如果是加工品或垃圾食物，就沒有上述的好處。

▲ 每天適時地讓六大類食物出現在寶寶餐盤中。

② 每日都應攝取的食物

　　五穀雜糧類、蔬菜類、水果類、蛋豆魚肉類、乳品類、油脂與堅果種子類（參考自國民健康署 _ 六大類食物）[5]。

　　上述食物又以五穀雜糧類、蔬菜、水果、蛋豆魚肉為主角！意即澱粉、纖維素、維生素、蛋白質、礦物質都能攝取到。不一定每餐都要有，但建議一天至少出現一次。

③ 寶寶的熱量需求高

　　3 歲以前，寶寶的熱量需求比例都是比成人高的，故備餐時應多留意哪些食物含有碳水化合物（澱粉），以顧及寶寶的熱量需求。

④ 提供多樣化的飲食

　　提供不一樣的食物，除了可讓寶寶吃到各種營養素外，也可以讓寶寶體驗各種食物的口味、氣味與口感，增進感覺統合。另外，寶寶也因此較不會有吃膩的厭煩狀況。視每個家庭備餐習慣，不見得每餐都要更換所有食物，有時候一天換一次、三天換一次都是可以的。

談現代家庭的餐桌文化

　　在我們所處的國家，平常家長與孩子用餐的情境，是什麼樣子呢？相信大家都猜到了，一定手機不離身，許多大人仍然習慣邊吃飯邊滑手機（不論是處理公事或是進行娛樂）；再者，大人總是非常關心孩子的吃飯狀況，包括：有沒有吃完給予的飯、菜、肉？吃飯時的速度是否過慢？吃飯時會不會分心？等。只要沒吃完或部分吃完，或是速度低於父母的預期，就會被指責、督促。

★ 餐桌文化衍生的 3 個飲食問題

　　上述的狀況，不論寶寶是 6 個月、1 歲半、2 歲半，都會遇到！這已經是台灣家庭餐桌文化的常態了！當然，越來越多學者跳出來，指出這樣的狀況，可能會導致幾個問題：

1 **孩子對於 3C 產品的依賴性增加**

　　不少家長為了讓孩童願意在餐桌上待著、或是為了使他快點吃完而把 3C 產品做為交換條件。但眾所皆知，因 3C 依賴產生的眼部傷害、認知情緒發展阻礙，對孩子的影響是深遠的。

2 **孩子對於吃飯會產生壓力**

　　因為傳統社會的價值觀認為，「把眼前的飯菜全吃完」才是乖孩子，導致孩子多半沒有選擇，若做出選擇，如只吃想吃的或是眼前的量太多真的吃不下，就會遭到父母指責。我也聽過不少孩子，在餐桌上坐不住，因著壓力 10 分鐘後就下餐桌了。

3 **親子間沒有充分情感的交流與對談**

　　主要的用餐時間都用來滑 3C、指正孩子的坐姿及如何飲食，所以沒有時間做進一步的交流和分享了。請記住，孩子的學習力是很強的，父母給予哪些觀念，幼小的孩童幾乎照單全收，但身為父母不妨仔細想想，這真的是自己想要的餐桌情境嗎？

★ 理想的餐桌情境

當然，講到上述情境，你會發現，不論孩子 1 歲、3 歲、5 歲，全部都適用！但這與 BLW 的寶寶有什麼關係？其實頗有關係！因為寶寶一開始上餐桌，父母的用餐習慣會左右他成年後的「餐桌觀念」。

我理想中的餐桌情境是：父母悠閒地吃著自己的飯，而孩子也愜意地吃著自己的飯，彼此都沒有使用 3C 產品，親子在餐桌上自由的聊天、對談、抒發己見，在用餐時間進行各式各樣的分享、情感交流，用餐半小時結束後，親子再一起收拾餐桌和離開。

我的大兒子小湯圓，從 6 個月就執行 BLW 長大，在 9 個月左右，就已開始用肢體語言和娃娃音和我們「試圖溝通」了。在 1 歲後，已經擁有基本溝通的能力，除了會享受自己在餐桌上的食物外，也很愛以童言童語發表自己的意見；我和太太也盡情在餐桌上和他交談，有時教導規矩，有時分享自己的經歷，有時則聽他敘說自己的新奇發現。

小湯圓在餐桌上，至少都可以坐上半小時，親友聚餐時經常感到訝異：「小湯圓怎麼可以坐這麼久？其他小孩早就下餐桌玩鬧去了。」上述的狀態是天生的嗎？當然不是！這是因為

在寶寶 BLW 時期，就打下的基礎：讓小湯圓自己掌控自己的飲食，他也從中找到了樂趣。並且自那時起，我們就開始了餐桌上的對話了（縱使他那時還不大會「講人話」）。

現在 3 歲多的小湯圓旁邊，還坐著 1 歲多的小麻糬，小麻糬如今也熟稔 BLW 的一切技巧，自己好好吃東西也是家常便飯，雖然還牙牙學語，但從言語表達、笑聲中，我明瞭他也在享受與父母和哥哥聊天。

★ 餐桌責任分工理論

關於上述的理想狀態，我想引用美國營養師暨家庭治療師艾琳薩特（Ellyn Satter）所提出的「餐桌責任分工理論」[6] 來跟您分享。

艾琳·薩特認為，在餐桌上，照顧者與寶寶，有各自的責任分擔，彼此應該尊重。照顧者決定：吃什麼（what）、什麼時候吃（when）、在那裡吃（where）

寶寶決定：吃多少（how much）、是否要吃該食物（whether）。

舉個實體例子

照顧者（媽媽）煮了 1 盤炒里肌肉（200g）、1 份炒絲瓜（250g）、水煮蛋（5 顆，300g）、4 碗白飯（500g）、切了 2 顆蘋果（300g），這些餐點擺在廚房的餐桌上，宣布晚上 18：00 開飯，全家一起在家裡飯廳用餐。

以上的敘述，媽媽決定了吃什麼（what）、什麼時候吃（when）、在那裡吃（where）。

BLW 寶寶可能的行為是

手拿起炒里肌肉、絲瓜玩了起來，吃下了半口，就丟在餐桌旁。水煮蛋完整吃完 2 顆，1 顆蛋被捏碎丟在地上，白飯完全沒吃，蘋果吃掉了 100g。蘋果吃完後，又回頭把餐桌旁的炒里肌肉、絲瓜吃完。之後就沒有再吃食物，打哈欠而停止。

以上的敘述，寶寶自己決定吃多少（how much）、是否要吃某食物（whether）。

139

★ 給予孩子了解自己胃口、食物喜好的機會

艾琳・薩特的論點，與 BLW 的精神不謀而合。反觀現在很多家庭，照顧者除了決定吃什麼、何時吃、在那裡吃外，還會積極干預孩子的吃飯行為，也會積極管控孩子吃多少、吃何食物等。

但這麼做的後果，將導致家長用餐時會很忙碌且有壓力，而孩子也同時感受到壓力，無法體驗用餐的樂趣與自由，甚至年紀越大、越討厭待在餐桌上。現今也不少兒科醫師、教養專家呼籲：千萬不要因為擔心孩子營養攝取不足而積極干預孩子的吃飯行為；反之，給予孩子適當摸索食物的空間，給予孩子了解自己胃口、食物喜好的機會，才是讓他能健康成長的契機。

外出時 BLW 的寶寶如何外食？

剛開始執行 BLW 的家長，遇到外食時可能會有些緊張：「寶寶在家裡吃，我又要備餐、又要布置桌子椅子，帶寶寶去外面吃不是變得更麻煩？」事實上，掌握以下的重點和技巧，出去外食一點也不麻煩喔！

以下的狀況，是模擬都會區的情境來描述，您可依自己的情況斟酌調整。

★ 餐廳的選擇

如何選擇餐廳？只要了解該餐廳可以提供「什麼樣的食物」，選擇就不難了。對於 BLW 寶寶而言，可抓握又咬得動的原型食物會是最佳選擇，可以找到這類食材的餐廳會是：火鍋店、熱炒店、自助餐等。另外，可以事先詢問餐廳是否備有兒童餐椅，若有提供，會較方便寶寶用餐，執行 BLW 的寶寶所坐的椅子，與傳統餵食的寶寶無異。

⭐ 用餐時的陪伴技巧

其實在餐廳用餐，不一定要為寶寶點兒童餐，因為兒童餐常常含有：雞塊、薯條、布丁等加工食品，長期吃對寶寶是不健康的。可以試著從大人的盤子裡分出可吃的食物給寶寶，如切片蘋果、小黃瓜、南瓜、地瓜、肉片、青菜，隨著寶寶執行 BLW 的經驗多寡，您可以自行判斷他（她）現在可以抓、咬下那些食物。

另外，因為 1 歲以內的寶寶盡量不要給調味料（包括鹽），所以可要求廚師烹煮時不放調味料；若寶寶 1 歲以上，調味料則可斟酌供給，或是將過鹹的食物泡入杯中的冷水稍清洗，以降低鹹度。

⭐ 寶寶坐不住，吵鬧時的應對法？

這個問題不論是 BLW 或傳統餵食的寶寶都會遇到。因為寶寶的天性會對外面的環境感到好奇，看到認為有趣的事物，就很想探索一番，所以很難要求寶寶跟大人一樣坐在餐桌上 1 ～ 2 個小時。

　　不過，經過訓練的 BLW 寶寶，因為對於食物有一定的接受度、也有一定的喜好，所以只要在餓的前題下，至少在自己抓起食物進食的過程，可以進行 10 ～ 20 分鐘，如果停止了，代表他真的飽了（或是其他原因導致沒有食慾），那身為照顧者的您應接受他不再進食，也不應再用湯匙將剩菜剩飯舀給他吃。至於要下餐桌玩、還是待在餐桌上？則可由照顧者和寶寶自行溝通。

▲ 帶寶寶用餐，懂得選餐廳、懂得陪伴技巧，一樣可以吃得健康、吃得愜意。

參考文獻

1.Ishita Mostafa, et al. Developing shelf-stable Microbiota Directed Complementary Food（MDCF）prototypes for malnourished children: study protocol for a randomized, single-blinded, clinical study. BMC Pediatr. 2022 Jul 1;22（1）:385.

2.Louise J. Fangupo, PG Dip Diet, et al. A Baby-Led Approach to Eating Solids and Risk of Choking. Pediatrics（2016）138（4）: e20160772.

3.Elizabeth A. Simpson, et al. The mirror neuron system as revealed through neonatal imitation: presence from birth, predictive power and evidence of plasticity. Philos Trans R Soc Lond B Biol Sci. 2014 Jun 5; 369（1644）: 20130289.

4.Rapley, Gill. Baby-Led Weaning, Completely Updated and Expanded Tenth Anniversary Edition: the Essential Guide to Introducing Solid Foods-And Helping Your Baby to Grow up a Happy and Confident Eater. Experiment LLC, The, 2019.

5. 中華民國衛生福利部國民健康署，6 大類食物 https://www.hpa.gov.tw/Pages/List.aspx?nodeid=4086

6.Ellyn Satter, Raise a healthy child who is a joy to feed. 2019. Available at: https://www.ellynsatterinstitute.org/how-to-feed/ .

Part 4

侯侯醫師來解答
關於 BLW 實踐
過程中的解惑

\侯侯醫師來解答/

營養・消化吸收

Q1 寶寶正在執行 BLW，但初期都抓起來亂塞，
看起來都在玩，沒有認真吃，怎麼辦？

　　如同書中第三章所述，寶寶初期的吃飯模樣，的確是「跌破大家的眼鏡」，就連作者我本人也是。既然這是幾乎每位照顧者都會看到的景象——亂塞、亂玩、弄得髒兮兮、像野獸一樣！那我想身為照顧者的我們，就先放寬心吧！只要孩子安全無虞，如此的「亂吃一通」的模式，正是標準 BLW 的進程！

　　初期不用太在意孩子吃飯量的多寡，孩子在亂塞、玩之中的練習，都是在增加他的感覺統合，食物的辨認度。

　　當然，隨著孩子的吃飯經驗值越來越豐富，「吃相」會漸漸好看一點，請放心。（請參閱 P114）

Q2 寶寶初期執行 BLW 但是卻一直吃很少,我擔心他的營養不足,該繼續嗎?

　　BLW 執行的精神,的確是讓寶寶「自主飲食」,所以寶寶吃的行為、吃的量,家長都都應給予尊重、讓他們自行發揮的。在初期,的確寶寶會吃得少,甚至只會玩食物或大哭來收場。不過,這並不代表寶寶會營養不良,因為寶寶身體的代謝調節機制,是很完好的,連筆者我自己的小孩,也是這樣走過來的。另外,執行 BLW 數十年的 BLW 權威學者 Gill,也提到 [1] 並沒有任何寶寶在執行 BLW 的過程中產生「醫學認定上之營養不良或不足」,所以請各位家長放寬心。

　　我們回到正題,BLW 初期的寶寶,雖然吃得少,但這對寶寶的感覺統合,以及對食物的認識,其實產生很強大的記憶連結,對未來能好好吃食物、喜歡食物,有著莫大的幫助,筆者我自己的寶寶,也是開展了 9 天「吃得少、令家長很擔心」的情節,但在第 10 天,就成功自己好好吃飯了。

Q3 感覺初期 BLW 的寶寶都沒怎麼吃食物，是否可幫寶寶補充奶？

　　是否讓初期 BLW 的寶寶喝奶？事實上是可以的。BLW 初期依舊可以讓寶寶喝奶來補充營養。不過，要留意餵奶的量，不宜過量，可依據台灣兒科醫學會的建議量補充。

　　有些照顧者因為太過擔心 BLW 寶寶初期沒怎麼吃營養不夠，而不斷地餵寶寶喝奶；寶寶一直處於飽足狀態，自然就不想抓起眼前的食物進食；看到寶寶不想進食，照顧者就會更擔心，進而餵更多的奶，形成一個負面循環。畢竟，BLW 的翻譯是「寶寶主導式離乳法」，「離乳」就是「斷奶」的意思，代表照顧者在執行上，是要協助寶寶往斷奶、吃副食品的方向走，這個宗旨是不變的。

　　台灣兒科醫學會建議，1 歲前皆為哺乳的適當年齡。1 歲後則沒有建議一定要給予奶。我本身是讓二個孩子在 BLW 的過程中，逐一減少奶量，至 1 歲則完全斷奶。目前兩個孩子飲食、營養吸收皆情況良好。

Q4　請問寶寶在進行 BLW 中，需要補充水分嗎？

寶寶以 BLW 進食時，其實沒有一定要給他喝水。原因是：

1 進食的過程頂多 10 ～ 40 分鐘，就算是孩童或成人，進食中也不見得會喝水。

2 食物本身已經含有水分（除非吃非常乾燥的食物）。

但若有些寶寶，喜歡吃飯中喝水，那則是他的喜好，比如說地瓜吃一半，就順手拿起桌上的寶寶水杯／壺或學習杯，喝起水來，這無傷大雅，不影響 BLW 的進行。

Q5 請問 BLW 的食材，都需要煮得很軟嗎？
想了解哪種硬度適合寶寶？

誠如第二章所述，你會發現：寶寶充分的咀嚼，可以間接避免很多現代的文明病，但若要充分的咀嚼，吃太軟的食物是無法辦到的。

剛涉入 BLW 的 6 個月寶寶，總不可能馬上啃咬很堅硬的芭樂，一定是要先從軟的食物開始。寶寶適合哪種軟硬度的食物呢？這問題一般會在初期 BLW、剛踏入 BLW 的照顧者中遇到，你可以嘗試附錄食譜中難易度 1 星或 2 星的食物開始，讓寶寶可以嘗試啃咬稍不那麼硬的食物。

進行幾週後，你可以逐漸調高食物的硬度，若孩子願意持續啃咬，也能順利吞下，那則代表該硬度對寶寶是適合的；若寶寶嘗試幾次都咬不下來，則不勉強可先更換其他種類的食物，至於原先啃咬不下的食物則可過幾週，甚至幾個月後再試試。

Q6 寶寶進行 BLW 幾週了，寶寶的糞便會出現食物的原塊，是否沒有良好的消化吸收呢？

在 BLW 寶寶吃固態食物的初期，糞便會出現食物的原塊，是非常正常的情況。其原因有：

1 **寶寶的咀嚼能力仍在摸索、適應：**寶寶初期因還抓不太到咀嚼的力道與技巧，所以食物咬沒幾下就吞下去了，導致大塊的食物沒有充分磨碎、消化完就連同糞便排出。

2 **腸胃功能仍處於適應期：**寶寶的腸胃，在新接觸固態食物時，尚未充分能辨識食物，故沒有分泌足夠的消化酶來消化，待接觸固態食物一段時間後，此狀況就會慢慢改善。[1]

\ 侯侯醫師來解答 /

用餐習慣

Q7 寶寶目前 1 歲都是湯匙餵食，聽說 BLW 得要寶寶 6 個月就開始，若現在切換成 BLW，會不會來不及？

　　絕對來得及的，重點是：讓孩子自主飲食這件事，在父母心態願意放手，也接受孩子在未來自己摸索、自己為自己的吃飯負責的情況下，一切情況都會轉變。

　　當然，寶寶剛從被動餵食改為主動抓食階段，會有過渡期，寶寶可能會有生氣、失望、不知所措、難過等情緒，請照顧者多鼓勵並且沉住氣，並非一定要因寶寶哭鬧而決定放棄 BLW，因為寶寶有情緒是一定會發生的。日子久了，寶寶依舊會發揮本能，好好抓食物塞進嘴巴。

Q8 BLW 寶寶都是用手抓食物，是否會對學習使用餐具造成負面影響？

一般來說，相較於湯匙餵食食物泥長大的寶寶，從 BLW 訓練過來的寶寶，因為手、眼、口的協調訓練做得非常多，感覺統合能力大都良好，所以後期在使用餐具時，不論是杯、碗、湯匙、叉子，都會有不錯的表現！

希望寶寶使用餐具，比較屬於社會化的規範，有些照顧者會認為，「1 歲幾個月一定要會使用 OO 餐具」，若某一種餐具使用得尚不順手，如湯匙，照顧者就會產生壓力。

事實上，每個寶寶的用餐喜好不同，學習使用餐具也需要不斷練習和犯錯，如果寶寶暫時喜歡邊用湯匙邊用手吃，也不用太過苛責。如果大人在一同進食的期間使用湯匙，那麼寶寶就會有觀察、學習、模仿的對象，想必會加速學習使用湯匙的的速度。另一個學習加速期，則是進入團體生活時，如上幼兒園後，也可能突飛猛進。

　　我認為，孩子使用餐具是為了滿足社會規範，與寶寶的進食喜好、營養吸收、感覺統合能力的培養沒有直接關連。我建議綜合觀察，以「寶寶吃飯能力更進步了嗎？」來當作成長的指標，至於何時熟悉使用湯匙就不是首要目標了。倘若今天是印度家庭，想必使用手吃飯的比例更高，寶寶應該就不大會被強迫使用湯匙了吧？

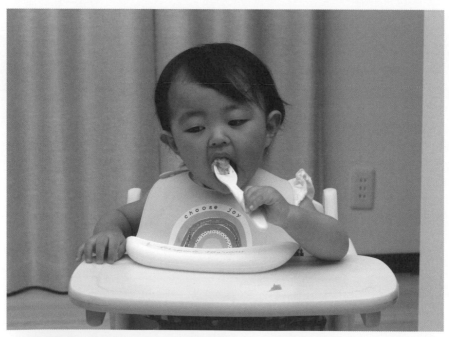

▲ BLW 寶寶，因為手、眼、口的協調訓練多，感覺統合能力良好，所以後期在使用餐具時都會有不錯的表現。

Q9 **我明白 BLW 對寶寶的好處，但在寶寶自主飲食時，是否可輔以湯匙餵食？混餵情況是否會影響寶寶的健康？**

針對「混餵」行為（一下執行 BLW，一下執行傳統餵食），BLW 的權威 - Gill Rapley (1) 也親自回應過家長們這個問題，「臨床上看起來是沒有影響的，也沒有聽過其他研究指出混餵會造成寶寶健康影響」。

重點在於家長自身的心態：是什麼原因使您會想混餵寶寶呢？家長可能會回答，「煩惱寶寶無法自己好好吃」、「擔心寶寶沒有吃下（自己想讓他吃的）特定食物，而且那食物還很營養或很貴」針對以上的問題，我的回答如下：

· **煩惱寶寶無法自己好好吃：**

這主要是出於家長自身的擔心與恐懼，因為實際上寶寶在充分提供環境與適當食物的狀態下，在 1 個月內都可以基本地抓起食物送進嘴巴、咀嚼、吞嚥，只是吃下的量家長無法控制罷了。

實際上，若有家長跟我傾訴上述的擔心，我都會鼓勵家長，放寬心再多給孩子一點時間和空間。因為我也是過來人，我懂得那種初期執行 BLW 的未知與不安，但時間總會證明：孩子大都有辦法好好吃下食物。

‧擔心寶寶沒有吃下特定食物：

我想，身為父母都希望自己的孩子吸收最好的營養，所以在準備食材時，父母都會有把自己認為最好的食物擺在餐盤上，並期待希望孩子全部吃光光，如此就會產滿足與成就感。不過，孩子如何選擇食物，與如怎麼吃下肚，真的與父母想的天差地遠，有些父母因為期待落空，就會選擇在中途介入拿起湯匙餵起孩子。

其實，孩子就算沒有吃下父母期待的特定食物，長期來看，對健康的影響很低，因為 BLW 的本身就是在培養孩子的自主飲食能力，包含自主意識飢餓或飽足、自主抓取及自主選擇自己喜好的食物。此外，就算某一樣食物寶寶現在不吃，並不代表他這一輩子都不吃，寶寶隨著成長，喜好也會轉變，在家長極少干預的舒適環境下，寶寶可以沒有壓力地品嘗各種食物，如此培養更健全的吃飯能力與食物接受度。

回過頭來談混餵的行為，Gill 有做了很好的說明，這邊摘錄 Gill 博士所講述的部分內容：我們要理解，BLW 與傳統餵食的差異，並非只在於「自己用手吃 vs 被人餵食」而已，它延伸的意義有：

★ BLW：寶寶自己掌控用餐；傳統餵食：大人掌控用餐。

★ BLW：相信寶寶知道自己要什麼以及用自己的方式去拿到（食物）；傳統餵食：大人認為寶寶不懂這些，所以大人幫小孩決定。

★ BLW：全家人一起用餐的概念；傳統餵食：大人很難和寶寶同時用餐，因為大人要餵食孩子。

因此，混餵行為會塑造出怎樣的情境呢？

您可以想像一下。

我想對以上敘述做個總結：混餵對寶寶的健康影響是無害的，但混餵對於已經熟悉 BLW 的寶寶來說，是沒有必要的，就如同「給一位四肢健全的孩子一副拐杖，要他走路小心別跌倒」一般。但我仍充分尊重每個家長自己帶領孩子的方式。

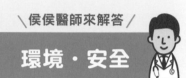

\侯侯醫師來解答/

環境・安全

Q10 寶寶正在進行 BLW，因此用餐環境十分髒亂、食物弄得到處都是，請問該怎麼改善？

寶寶因 BLW 方式進食，而造成餐桌髒亂，這的確是大家公認的麻煩之一。不過，現在已經有很多方式可以降低髒亂了！例如：購置防髒的用餐服、圍兜、防髒餐盤、防髒地墊等。

其實寶寶在「弄髒」的同時，也不斷地在刺激他的大腦發展與感覺統合能力，若照顧者想到這個層面的話，應該會邊擦地板邊感到欣慰吧！各位照顧者與家長，我們一起加油！

Q11 既然 BLW 的寶寶可以自己吃飯，那我可以離開做自己的事情嗎？

其實正常寶寶進行 BLW 飲食，照顧者在旁陪伴較佳。一來是照顧者可以清楚觀察寶寶的飲食行為、習慣，思考下一餐是否需調整或照原本模式進行。二來是若寶寶發生飲食上的危險（雖然鮮少發生）可以適時給予協助（請參考本書第三章）。

另外，我也一直鼓勵寶寶與照顧者一起共餐，這正是家庭餐桌文化的培養。意思是在正常大人進餐的時間，與寶寶一起吃飯，若能吃著同一桌飯菜則更理想；親子共食，是親子交流中最輕鬆與寶貴的時刻。

▲ 親子共食，是親子交流中最輕鬆與寶貴的時刻。

Q12 我很想讓寶寶進行 BLW，可是長輩卻認為危險而反對；面對長輩的反對，我感到很為難，該堅持嗎？

其實任何人對 BLW 的不理解、反對，大都出自於：

· **不明白 BLW 的好處**

· **覺得有風險**

· **覺得麻煩**

我正是過來人，我十分清楚，這本書也正是為了解決這件事而生。在本書第一章的實際案例中，您會發現，在充分地溝通與誠意下，長輩就算一開始不理解而反對，內心也會慢慢轉變，畢竟要給老人家一些時間，讓他「消化一下」這套新育兒模式。

若最終長輩能轉而支持 BLW，就再好不過了，就算長輩不支持，在實行 BLW 幾個月下來孩子的成長與轉變，他也會心服口服。畢竟，主要照顧者不是他們，是您自己，由自己的心態先改變（認定 BLW 的好），再正面影響其他人即可。

Q13 我認同寶寶 BLW 的理念，可是對於寶寶進食時頻繁的嗆到，感到擔心害怕，有什麼方式能避免寶寶嗆到？

　　誠如第三章所述，首先要區分：嘔到與噎到，您會發現其實「嘔到」初期容易發生，卻是生理正常機制，而「噎到」很少發生。另外，第三章中我也提及「嗆到」本身是身體會產生的反應機制代表食物部分刺激呼吸道，但沒有生命危險，是孩子吃飯當中的一部分。

　　當區分清楚後，照顧者就不用那麼緊張了。我們很難避免寶寶在進食中嘔到或嗆到，就像要避免寶寶在練習走路時不跌倒是不可能的。但隨著寶寶的肌肉控制越來越好，這類的狀況會越來越少見！

　　另外，初期的 BLW 在選擇食材時，若要降低卡到呼吸道的風險，骰子食物（丁狀食物）請盡量避開喔！給予較大塊的食物可以降低嗆到機率。

　　特別補充：文獻也指出 [2] [3]，初期執行 BLW 或湯匙餵食的寶寶，其實嗆到、噎到的頻率是差不多的（代表就算用湯匙餵食，寶寶仍會有嗆到、噎到的機率）所以重點是家長應對「嗆到」、「噎到」重新認知，如此才能幫助寶寶。

\侯侯醫師來解答/

理念・執行

Q14 我很想帶寶寶 BLW，但寶寶目前托給保母帶，保母沒有 BLW 相關知識，仍會拿湯匙餵食寶寶，讓我很難過，請問該如何改善？

　　我理解家長為了生計，需要出外工作，而不得不請保母幫忙照顧寶寶，或送到托嬰中心。在東亞文化中，1 歲半以下的寶寶，由大人協助「以湯匙餵食」是家常便飯。像我，若不得不臨托時，請來的保母也大都沒有受過 BLW 相關訓練，常一看到我家寶寶，就開始自動化的拿起湯匙餵食。

　　但就算如此，也不會泯滅了寶寶天生內建的「自主飲食機能」！ BLW 的目的，就是把寶寶原本內建的自主飲食機能激發出來。縱使有幾餐外人因不瞭解而強迫餵食寶寶，但只要是您在的場合、您在的時間，陪伴孩子使用 BLW 方法吃飯，寶寶的自主飲食能力，仍能逐漸建立起來。

▲ BLW 就是把寶寶原本內建的自主飲食機能激發出來。

　　所以，在此勉勵因工作忙碌而不得不請保母或托嬰的家長，縱使您無法全程陪同孩子 BLW，但只要是您親身努力陪伴過，寶寶的身體都會記住，對他未來的長遠發展，仍有正面的影響。

　　當然，我也發現，倘若帶著誠意與保母溝通，仍會有保母接受 BLW 的方式，並改變自己的做法來協助我們；另外，在保母界，也開始有不少保母接受 BLW，也正在展開實務訓練中。我們也誠心地希望：讓更多的托育人員、育嬰人員能知道 BLW 的好處與執行方式，藉此幫助更多的家庭。

Q15 寶寶是在 6 個月就開始接觸 BLW，一開始很順利，寶寶也吃很多，但到 2 歲左右，寶寶開始會哭鬧、耍賴，很愛說「不要」，請問該怎麼辦？

其實，不論是執行 BLW 而長大的 2 歲幼兒，或是傳統餵食長大的 2 歲幼兒，都會經歷愛講「不要」的時期。事實上，這與幼兒的腦部發育有關，與 BLW 沒有直接關聯。

2 歲左右的幼兒，認知與語言開始快速發展，對身體的掌控度也進步很多，某種程度上，在家庭的生活裡很想「表達意見」與「自主行動」，但會的表達方式、詞彙又沒有大人多，所以常會說「不要！不要！」，這會發生在生活中的任何環節，吃飯只是其中一環。

針對 2 歲孩子在餐桌上頻喊「不要」，因應原則是——

1 父母要沉住氣，告訴自己「這是孩子的必經過程」。

2 仍可使用 BLW 的用餐原則：讓孩子自己掌控用餐的方式（吃多少、怎麼吃）。父母可以控制的範疇是：提供什麼食物／在哪裡吃／吃多久。

在孩子逐漸明白自己能自由決定的事情，與不能逾越的範疇後，在餐桌上就會逐漸配合了。

Q16 寶寶是 BLW 長大的，在 2 歲左右開始陸續出現挑食行為，讓我很苦惱，是否有建議的解決方式？

在實務層面，2 歲的孩子吃飯不配合，可分生理層面及心理層面來探討。

生理層面

請問在餐桌上，此時此刻孩子真的「餓」嗎？在有美食之國的台灣，大部分家庭的物資都是充沛的，食物隨手可得，幼兒園、托嬰中心深怕小孩餓著，在餐與餐之間大部分都會提供點心，我們可以發現：現在很少有孩童能體會「飢餓」的感覺。

在傳統的觀念裡，長輩總認為飯要吃飽、碗中的飯一定要吃完才是好孩子；款待他人或照顧自己的孩子時，飯菜要給多

一點,才認為是「表達愛」的證據,因此,等到孩子長大成人後,也會繼續傳承這個概念並實踐在下一代身上。

您可以在餐桌上看見:大人在飯桌上,提供自己認為的食物份量給小孩,並且深信小孩一定要吃完,才算完成用餐任務,但也許小孩現在根本「不餓」或只有「部分的飢餓」,原因可能來自於餐與餐之間,已經給予了其他的食物,例如:奶、水果點心、澱粉類食物等。再加上現代台灣小孩容易運動量不足,上一餐的食物根本來不及消化與代謝。對於稍有表達能力的 2 歲小孩而言,「不吃」或「吃很少」的情況,自然會表達出來:「我不要!」

心理層面

如果孩子在面臨壓力、情緒不好、或是分心時,也會吃得少。

· 壓力:

雖然有不少家長聲稱,讓孩自己吃飯,但在餐桌的情境中,卻不免產生許多的干預,像是,「這個菜要吃完喔!不吃待會就不能玩玩具!」「吃飯快一點!不要拖拖拉拉的!」「吃飯不要講話!你有沒有專心吃飯呀?」我並不是完全禁止父母在

飯桌上干預孩子（若您是為達成某種教養目的），但過多的言語干預，的確會讓孩子產生心理壓力（不見得會說出來）。在 BLW 的精神裡，讓孩子「自己開始、自己結束」以及「在餐盤中決定自己吃什麼」一直都是核心的理念，就算孩子長大也依然是。

·情緒不好：

幼兒的情緒表達能力，也沒有成人來的精準。也許是生活上出現了挫折，學校、托嬰環境裡遇見了不開心的事，都有可能以「食慾不振」的狀態展示。

·分心：

造成分心的事物很多，只要家長默許讓孩子於吃飯時，同時做另一件事，都可能造成分心，像是：看 3C 產品、看書、畫畫、玩玩具等。起初，大部分家長默許孩子這樣做的目的，是希望孩子在餐桌上不要吵鬧、乖乖吃飯，讓孩子對「吃飯」感興趣一點，但久了，孩子會對於該事物產生依賴，而非對吃飯本身產生好感。

最常被育兒專家拿來討論的，莫過於吃飯「看 3C 產品（如手機、平板）」，因為許多家長認為，這麼做能使孩子乖乖吃飯，甚至拿來當作條件。實際上，孩子專注於螢幕上時，大腦前額

葉的血流量會降低，目光會自動被吸引，當然這期間會產生享受於螢幕當中的快感，吃下的飯菜，其實是記不得其中的味道與口感的，因為專注力全在眼前五花十色的螢光幕中。上述的情境中，大腦認知的主角，其實是 3C 螢幕，而非食物本身，即使是為了看 3C 而上餐桌的，食物只是配角，故一旦從 3C 中抽離，孩童的情緒控制，會比先前來得更易暴怒、不穩與脆弱，更不用提能否「享受食物」這件事。

看完以上分析，2 歲孩童哭鬧、耍賴、挑食的情況，家長該如何應對呢？首先，先讓自己放寬心，將「寶寶在餐桌上一定要 OOO」的想法放掉。提高孩子的運動量，減少餐與餐之間的點心量，減少平常喝的奶量，並且將 3C 產品收起來（大人小孩都是），讓孩子在餐桌上適度做自己，若孩子想要下餐桌，也訂定一定的規範，例如：「可以下餐桌，不過用餐時間是半小時，長針走到 6 所有的食物都會收掉，也沒有點心。」當沒有 3C 干擾，有足夠的運動量，並感到適度飢餓時，他自然會願意吃下眼前的食物，也願意為自己的吃飯行為負責，當然，我們也尊重他的食物喜好（有些食物因喜歡而多吃，有些食物不喜歡而不吃或少吃。）。記得，吃飯時不要過度的言語干預喔！讓孩子自己開始、自己結束、自己決定吃什麼。

Q17 孩子已經 3 歲多了，目前吃飯仍都需要我用湯匙為餵食，且仍會有挑食行為，如不愛吃、吃很慢、有些東西不吃。我看了這本書，才了解 BLW 的理念，但孩子已經 3 歲，不是寶寶了！請問如何運用 BLW 的理念，幫助我的孩子呢？

我認為 BLW 的理念，對 3 歲的孩子絕對有幫助！

試問在整個用餐情境裡，您理想中的用餐畫面是什麼呢？如果您想像中的畫面是：孩子可以自主吃下自己的食物，不倚靠湯匙餵食，您可以同時在餐桌上自在的吃著飯，和孩子愉快對話。那麼以下的步驟可以提供您參考：

step **1** 家長心態先調整，允許孩子不吃下某些東西、允許他適度培養他的喜好；允許孩子弄髒手、衣服、臉；允許孩子吃他想吃的量，不強迫他吃完；允許孩子自由選擇用手、叉子、或湯匙，不強行規定孩子只能使用某種餐具。放寬心、深呼吸，現今的孩子很難營養不良、一兩餐不吃也不會直接影響發育。

step 2
食物的料理上，請給予孩子塊狀食物或更大的食物；少給剪碎、混在一起或軟爛的食物，讓孩子對食物有辨認度才能「培養喜好」。

step 3
在餐桌上將以下的物品撤掉，如手機、3C 產品、故事書、玩具。

step 4
在親子共同用餐時，談論的話題，不要都圍繞在孩子的吃飯議題，例如：「這個菜要吃喔！」「這個肉趕快吃完！」「你怎麼還不吃？」家長這樣說時，已經把孩子吃飯的責任分攤攬在自己身上，孩子也會逐漸對吃飯失去興趣。這時不妨多聊和家庭有關的議題，如「爸爸今天發生了件有趣的事，跟你分享」「今天去公園好玩嗎？」等。眼睛也不要一直盯著孩子的食物看，就算您不說，孩子也知道您試圖掌控餐桌的企圖。

step 5
明訂用餐時段，當孩子初期刻意玩食物、不吃食物時，提醒：「這餐只會持續 30 分鐘，超過 30 分鐘，所有的飯菜都會收走」，讓孩子一次兩次的體驗，他就會明白：吃多少量自己才會飽？只吃少少量肚子會餓。餐點不會持續的給予，自己要開始負起責任吃下要吃的量。

step 6

回應第一點的「家長心態」，在讓孩子從「被餵食」切換成「自主飲食」的階段，一定會有些「撞牆期」，孩子可能：吃得亂七八糟、只吃某種食物、用令人傻眼的方式吃飯；但當家長放寬心，孩子在自由的狀態下，就會漸漸「喜歡上吃飯」，也覺得是自己的「責任」，這絕非一餐兩餐就能迅速培養出來，而是需要至少幾週的時間，請家長務必放寬心並有耐心的陪伴喔！

step 7

環境也很重要，讓孩子處在「大家都自主用餐」的環境裡耳濡目染。不論是一群「自主吃飯」的小孩群中，或是一群「自主吃飯」的大人（而且是「不干涉」小孩吃飯的大人）。

step 8

我依舊十分推薦，本書第三章所述「餐桌責任分工理論」的概念。它是不論任何年齡層的孩子都適用的！

參考文獻

1.Gill Rapley,et al. Baby-led Weaning： Helping Your Baby to Love Good Food. Trafalgar Square, 2009.

2.Fangupo LJ, et al. A Baby-Led Approach to Eating Solids and Risk of Choking. Pediatrics. 2016;138(4)：e20160772. 10.1542/peds.2016-0772. [PubMed]

3.Brown A. No difference in self-reported frequency of choking between infants introduced to solid foods using a baby-led weaning or traditional spoon-feeding. Comparative Study. J Hum Nutr Diet. 2018 Aug;31(4)：496-504. doi： 10.1111/ jhn.12528.

附錄

侯侯醫師
家庭餐桌

侯侯醫師家庭餐桌分享

在這個篇章裡，我會跟大家介紹 BLW 寶寶的食譜，而這也是我與太太在自己寶寶身上親自實踐過的。每道食譜可以是當餐的全部，或是與其他道菜組合食用，由照顧者自由搭配。

侯侯家食譜設計原則

這裡分享的食譜可能跟市面上的寶寶食譜不大一樣。原因是我融合了幾個核心理念：

★ 90% 以上都是原型食物

在前面的章節中，您會了解為何我支持寶寶食用原型食物，所以我在設計食譜時，原型食物的比例很高，如蔬菜、水果、五穀根莖類、肉類等。當然現代人不可能全都吃原型食物，所以我加入了少量加工食物供家長參考。

★ 麩質比例很低

首先，我想說明何謂「麩質」（gluten）？麩質是存在於小麥、裸麥、大麥等穀物中的蛋白質，舉凡麵條、麵包、糕點都含有。若你曾購買過鋁箔包裝的食品，只要翻至背面的營養成分標示，應衛生福利部要求，含有麩質的產品都會標註。

部分的人在食用麩質後，會因麩質內部的蛋白成分，致使腸黏膜細胞的緊密連結鬆開，導致「腸漏症」（Leaky Gut Syndrome 又稱腸道屏障功能障礙）[1]，引起全身性發炎反應產生如：脹氣、頭暈、腹瀉、皮膚紅癢及慢性疲勞等徵狀。

上述情況也稱為「麩質過敏」。其實麩質過敏，各界專家學者看法不一，也有爭議，究竟國內麩質過敏的群眾是高是低，也沒有定論，但因我是麩質過敏的人，而我的兩個兒子也是（透過不同食物的試驗得知），所以我不大吃麩質類食物。

另外，在臨床看診的案例中，我發現麩質過敏的兒童藏有許多黑數，意思是：其實孩子有，但父母沒有這樣的觀念，照樣讓孩子吃義大利麵、餅乾、麵包，使得過敏、腸胃虛弱、皮膚紅癢、注意力低落狀況不斷發生。所以在家庭食譜中我不太

備製「麵粉製成」的食物（但仍會提供 1～2 道食譜供家長參考）。特別提醒，麵粉製成的食物，也一定不會是原型食物。

★ 簡單烹煮原則

現代家長、照顧者生活節奏繁忙，若要幫寶寶備餐，得花好個幾小時準備，真的是折騰！曾有不少做過 BLW 的媽媽，跟我抱怨準備寶寶 BLW 的餐點，十分累人，我仔細看了他們的菜單及做法，發現他們大都受到網路上的網紅菜單影響，例如：對刀工、切法很要求，食物不能切太大也不能切太小；食物又要混著麵粉又得複雜煎煮，調味也被要求需要加 A 加 B 又加 C，看起來十分複雜且困難。

因此，我希望讀者看到侯侯醫師家的菜單時會心一笑：「相對簡單多了！」甚至有些可說是「懶人作法」。另外，我在食譜中添加的調味料很少，幾乎沒有（鹽也是），因為許多專家都支持寶寶在 1 歲內食物不要給予調味。若您在食譜中看到有顏色的調味料出現，那代表是給 1 歲以上的寶寶食用，您可自由調整調味料的用量。最後，在食譜中也會標示「備餐難易度」供製作時參考。

★ 食用難度等級編排

常有家長詢問，「寶寶 6 個月該吃什麼？8 個月該吃什麼？1 歲又該吃什麼？」當然我可以列一個清單給您參考，不過您們寶寶的 8 個月，跟我家寶寶的 8 個月，狀況真的一樣嗎？大都是有差異的！

BLW 會看每個寶寶的「咀嚼力」與「抓握力」，而上述這兩個指標，就算同是 8 個月的孩子也會有發展上的快與慢；況且有些寶寶是 6 個月就開始 BLW，有的寶寶 9 個月才開始 BLW，自然對食物抓握、咀嚼的熟悉度會有落差，所以我在這邊不會用「寶寶年齡」來框住您的大腦。

書中會用「啃咬難易度」+「抓握難易度」來分級如下，您再針對自己寶寶的狀況給予該等級的食物即可。當寶寶已經對軟食物啃咬習慣時，建議要讓寶寶「進階」嘗試更硬的食物喔！如此寶寶的生長發育才會更全面。

蒸蘋果佐奇異果

備餐難易度 ●○○○○
啃咬難易度 ●○○○○
抓握難易度 ●○○○○

材料

• 蘋果 1 顆
• 奇異果 1 ～ 2 顆

作法

❶ 奇異果用削皮器去皮、切塊（對切）。

❷ 蘋果去皮、去籽後切片（約 1 ／ 4），
放入電鍋蒸煮後放涼。

蒸蘋果佐奇異果

侯侯醫師 Tips

蘋果

★ 蘋果可說是水果界的百搭食物，含蛋白質、脂肪、維生素 A、B1、B2、C、礦物質（磷、鎂、鈣、鐵、鋅、鉀等）、膳食纖維，既有豐富的營養素又好吃，微甜的口感也不太會導致過敏。

奇異果

★ 奇異果富含豐富的營養素，如維生素 A、B1、B2、B6、C、D、E、B 胡蘿蔔素、礦物質（鉀、鎂、鈣、鐵、鋅）、膳食纖維等。

★ 備製時不用額外蒸煮，硬度很適合初學 BLW 的寶寶，建議製備時不要切太小，寶寶會抓不起來。

食材 Q&A

Q 蘋果不蒸是否會太硬，不易啃咬？

切片的蘋果在質地上比較好抓握，但需注意，初期 6 個月寶寶剛嘗試蘋果，因硬度較脆，可能會咬不動，故我會先使用電鍋蒸煮使其變軟。蒸煮時間搭配水量，可創造出不同硬度的蘋果，隨著寶寶啃咬能力逐漸提升，即可逐漸增加蘋果的硬度和大小。

蒸地瓜

備餐難易度 ●○○○○
啃咬難易度 ●○○○○
抓握難易度 ●○○○○

材料

• 小地瓜數條

作法

❶ 地瓜外皮刷洗乾淨。

❷ 放入電鍋蒸煮（外鍋水量約200ml）。

❸ 視寶寶練習程度切塊或不切。

侯侯醫師 Tips

蒸地瓜

地瓜

★ 地瓜為 BLW 很好入門食材，不論寶寶的年紀多大，都能輕鬆抓取食用。原因為：

1. 地瓜的外皮粗糙，寶寶抓取時摩擦力較大，故容易抓取。

2. 蒸煮後的地瓜內餡偏軟，不會有咬不動的問題。

3. 地瓜富含蛋白質、脂肪、維生素 A、B$_1$、B$_2$、C、E、胡蘿蔔素、硒、錳、鈷、鉀、鈣鄰鐵鎂等，另富有膳食纖維，常吃地瓜不易有便秘問題，而且腸道容易培養優質益生菌，鞏固身體健康。

 食材 **Q&A**

Q 整根地瓜是否太大，是否需切塊？

如果是初期 BLW 的寶寶，地瓜太大可切成「手指食物」的大小給予來練習抓取。若是有 2 ～ 3 個月以上經驗的 BLW 寶寶，可以試著讓寶寶抓取大塊一點，甚至整顆地瓜給予寶寶，如此可訓練手指握力與感覺統合。

Q 地瓜是否要蒸煮至軟一點？

初期 BLW 的寶寶可以給予軟一點的地瓜，後期就完全不用，正常硬度即可（蒸煮之時間可自行控制）。

Q 想去皮可以嗎？

基於營養學的考量，地瓜的外皮富含膳食纖維與營養，且有外皮的地瓜比較方便寶寶抓握，所以我推薦地瓜「連皮吃」，只要外皮事先刷洗乾淨，就不擔心衛生問題了。

香蕉火龍果優格

備餐難易度 ●○○○○
啃咬難易度 ●○○○○
抓握難易度 ●●○○○

材料

- 香蕉 1 根
- 火龍果 1 / 4 顆
  ～半顆
- 原味優格 100 克

作法

① 香蕉去皮。
② 火龍果去皮、切塊
③ 優格倒入容器中（建議安全容器，例如塑膠容器，小朋友初期都容易打翻）。

侯侯醫師 Tips

香蕉

★ 香蕉是初期 BLW 寶寶很常見的食物，富含營養素，蛋白質、脂肪、碳水化合物、膳食纖維、維生素 A、B_1、B_2、B_6、C、E、鈣、磷、鐵、鎂、鉀、鈉、菸鹼酸等容易取得、也容易抓握與吃下。

★ 食譜的照片中是完整的香蕉，完整不切片的好處是：可以讓寶寶練習抓握、撕咬、撥開等手部和嘴部肌肉群。若想切成塊狀，建議不要切太小塊，三等份、四等份以內就很足夠。

火龍果

★ 火龍果除了富含營養素，如 B_1、B_2、B_6、C、E、葉酸、鉀、鈣、鎂、鐵、鋅等，也含有高量的纖維質，適量攝取火龍果的寶寶，不太需要擔心便秘問題。

★ 火龍果製備的大小原則，也是切塊為主，太小的片、丁狀都不太適合寶寶抓握。

★ 若寶寶食用火龍果後，排便呈現紅色，屬正常染色，不用太過擔心喔！

優格

★ 優格也是種常見的搭配素材，主要含有蛋白質、維生素 B_2、鈣、鉀與益生菌，對寶寶的腸胃道益生菌種建立很有幫助。

★ 優格是糊狀，寶寶是用手沾起來吃的，除了可以增添寶寶不同的口感，搭配不同的水果也可豐富寶寶的味覺體驗。寶寶就算打翻了優格弄得整盤都是，也容易清洗。

栗子南瓜佐毛豆

備餐難易度 ●○○○○
啃咬難易度 ●●○○○
抓握難易度 ●●●○○

材料

- 栗子南瓜 半顆
- 毛豆仁（去皮）
  約 20 克

作法

1. 栗子南瓜洗淨後放入電鍋烹煮（外鍋水量約 200ml，內鍋不加水）。
2. 毛豆仁可個別水煮，或者放入電鍋一起蒸。
3. 將蒸好之栗子南瓜切片，挖除內部南瓜籽即完成。

栗子南瓜

★ 南瓜類除了是熟悉的澱粉類食物外，也含有維生素 A、B$_1$、B$_2$、B$_6$、C、磷、鉀等。另外，β - 胡蘿蔔素含量也很高。

★ 南瓜的軟硬程度，可視寶寶咀嚼能力而定，若是剛開始 BLW 的寶寶，可以蒸久一點，使其變軟，寶寶的咀嚼力提升後，就可以供給硬一點的南瓜。

毛豆仁

★ 毛豆以富含蛋白質而聞名，另外，也含有維生素 B、C、膳食纖維、卵磷脂、不飽和脂肪酸（有效降低膽固醇與三酸甘油酯）。

Q 顆粒較小的毛豆仁是否容易噎到？

毛豆仁是增進寶寶手指精細抓力的訓練食物之一，但不宜給 6 個月剛開始 BLW 的寶寶，因為顆粒太過細小，容易噎到。若寶寶在 6 個月進行 BLW，約 9 個月大時後，抓力與咬力逐漸提升，屆時給予毛豆仁會很適合。

栗子南瓜佐毛豆

清蒸鯛魚片（無刺）

備餐難易度 ●●○○○
啃咬難易度 ●○○○○
抓握難易度 ●○○○○

材料

- 市售鯛魚片
  （無刺）100 g
- 蔥、薑 少許

作法

① 鯛魚片切塊或切片，放入電鍋蒸煮（外鍋水量約 200ml）。
② 為了去腥，可切一點蔥片、薑片一起蒸煮。

侯侯醫師 Tips

鯛魚

★ 吃魚類可以攝取到的營養素，最著名的就是魚油（Omega-3 不飽和脂肪酸）以及優質的蛋白質。另外，也可藉由吃魚補充鈣質與維生素 D。範例食譜中使用用鯛魚，製作時可換成其他種類的無刺魚片。

★ 魚肉質地軟，好抓握，如果一開始即挑選生鮮超市已經去刺的魚肉，就更輕鬆，也不必擔憂寶寶會被刺到或哽到。

胡蘿蔔佐花椰菜

備餐難易度 ●●○○○
啃咬難易度 ●●○○○
抓握難易度 ●○○○○

材料

- 胡蘿蔔 1／4 條
- 花椰菜 1／4 顆

作法

❶ 胡蘿蔔去皮，切成條狀，放進電鍋蒸煮（外鍋水量約 200ml）。

❷ 花椰菜清洗後去掉主梗，切成帶柄小花朵，使用沸水汆燙 2 分鐘撈起。

侯侯醫師 Tips

胡蘿蔔

★ 「吃胡蘿蔔照顧眼睛」一直是大家耳熟能詳的俗語。胡蘿蔔富含維生素 A，能維護眼睛健康。另外，胡蘿蔔也含維生素 C、B1、B2、鈉、鉀、膳食纖維等，對於提升免疫力也有很大幫助。

★ 胡蘿蔔與花椰菜的軟硬程度，可以視烹煮的時間而定，初期 BLW 的寶寶（前 1 ～ 2 個月）可以使其烹煮軟一點。BLW 後期的寶寶可給予硬一點的質地。

★ 胡蘿蔔切成條狀，主要是給剛開始 BLW 之寶寶抓取，也就是所謂的「手指食物」，若寶寶抓力還不穩定，可以在胡蘿蔔邊緣用刀子刻上刻痕，提高摩擦力、方便寶寶抓取。

花椰菜

★ 花椰菜其實蛋白質與碳水化合物都有，也有少量的維生素 A、B1、B2、C 等（其中以 C 最高），礦物質則含有鈉、鉀、鈣、鎂、磷等。因此，小小一株花椰菜，它不是只有膳食纖維那麼簡單而已喔！依據行政院衛生署台灣地區食品營養成分資料庫記載：青花菜比白花椰菜的養分略高，所以若要寶寶吃營養，建議可優先挑選青花菜。

★ 花椰菜要帶柄，也就是莖，以方便寶寶拿取及抓握。

食材 Q&A

Q 蘿蔔蔔的切法是否可變化？

若在 BLW 訓練後期，寶寶的抓力咬力都提升了，胡蘿蔔的切法可改變成其他形狀，如片狀、塊狀。不建議切成丁狀，因食物太過細小，寶寶無法獲得足夠的咀嚼刺激，也容易嗆到及噎到。

微笑紫色飯糰

備餐難易度 ●●○○○
啃咬難易度 ●●○○○
抓握難易度 ●●○○○

材料

- 紫米、白米 各半（視寶寶食量而定，
  如半杯 + 半杯）
- 白芝麻 少許
- 切片芭樂 2～3 片

作法

① 紫米、白米洗淨，浸泡 30 分鐘。
② 浸泡完的紫米、白米放入電鍋蒸煮（若紫米＋白米總量是 1 杯，則內鍋加水 1.25 杯，外鍋加半杯水）。
③ 待紫米、白米熟透後，再揉成飯糰形狀，並灑上白芝麻配色。
④ 芭樂洗淨、去籽，切成一般片狀。

侯侯醫師 Tips

紫米

★ 紫米因為富含花青素與纖維，讓寶寶食用後增進體內消化，但因黏性較低，會配合白米使其能順利揉成飯糰狀，以方便寶寶抓取。

芭樂

★ 芭樂富含維生素 A、B1、B2、B6、C 與礦物質鈉、鉀、鎂、磷、鈣，在水果的排行中，鉀與維生素 C 的含量是較高的；另外，芭樂的熱量偏低（38 卡／100g），故對於高熱量需求的寶寶，可搭配其他主食食用。

食材 Q&A

Q 芭樂的軟硬度該如何調整？

視寶寶的咀嚼能力而定，初期執行 1 個月的 BLW 寶寶，若芭樂太硬可自行用電鍋烹煮，使其變軟，或選用軟芭樂。據我的經驗，當寶寶長了上下排門牙後（不限顆數），咀嚼能力就大幅提升了，可以讓寶寶啃咬原始硬度的芭樂。

豬五花肉片

備餐難易度 ●●○○○
啃咬難易度 ●●●○○
抓握難易度 ●●○○○

材料

- 豬五花肉片
  100 g

作法

（以下提供 3 種作法，可自行選擇適合的方式）

A 將五花肉放入鍋裡乾煎至熟透。

B 將五花肉放入沸水中燙熟。

C 放入電鍋裡蒸熟（外鍋水量約 200ml）。

● 豬五花肉片

侯侯醫師 Tips

豬五花肉

★ 豬五花肉,其實是從豬的腹部取出的,熱量與油脂較其他部位高,但因切成片,實際的熱量不高。寶寶在 6 個月以後,可以開始食用油脂,6 個月左右的寶寶,建議每日攝取 5 ～ 10 克的油脂。適量油脂對寶寶的腦部發育有幫助,並且也可協助脂溶性維生素 A、D、E、K 等的吸收與運輸。

★ 豬五花肉片,因為是切薄片,故整體的好咬程度會高於肉塊,適合提供初期執行 BLW 的寶寶食用。

★ 放入鍋裡煎的五花肉,油脂比較可以保存。若想讓寶寶攝取多點油脂,可以使用煎炒的方式。

 **食材 Q&A**

Q 寶寶嚼一嚼就吐出,怎麼辦?

每個寶寶食用肉片的方式不同,一開始不一定跟大人想的一樣。例如:嚼一嚼只把肉汁吸完就吐出;沒有咬很多下就吞下去。這都是正常的,只要沒有噎到,基本上不用阻止,等寶寶越來越熟悉咀嚼肉片,吃相就會越來越好看。

蒸煮洋蔥雞胸肉

備餐難易度 ●●○○○
啃咬難易度 ●●●●○
抓握難易度 ●●○○○

材料

- 雞胸肉 100 g
- 洋蔥 1／4 顆

作法

1. 雞胸肉切大塊。
2. 洋蔥切片或切絲。
3. 將全部食材放入電鍋中烹煮至熟（外鍋水量約 200ml）。

雞肉

★ 雞胸肉的大小，視寶寶能抓起的能力而定，但千萬別太小塊（切成丁反而會容易嗆到、噎到且不好抓取）。

★ 或者也可選用雞里肌，不僅口感較滑嫩，且為條狀，也很適合給 BLW 的寶寶抓取及食用。烹煮時可自由變化，如豬里肌的作法，用煎或炒來製作。

洋蔥

★ 洋蔥本身就富含膳食纖維，與豐富的維生素 B、B1、B2、B6、C和礦物質鉀、鈣、鎂、磷;另外,也是協助體內抗氧化、抗發炎的功能,增強身體免疫力的好食材。

食材 Q&A

Q 辛辣的洋蔥適合寶寶吃嗎？

洋蔥的辛辣味在烹煮過後就下降許多，且還會增加些甜味，寶寶初次吃到洋蔥，並不一定跟大人一樣會表現厭惡，早一點讓寶寶食用洋蔥，反而能降低未來討厭洋蔥的機率，並降低寶寶過敏的機率。

蒸煮洋蔥雞胸肉

蒸煮洋蔥雞腿肉

備餐難易度	●●○○○
啃咬難易度	●●●●○
抓握難易度	●●●○○

材料

• 市售雞腿肉 120 g
• 洋蔥 1／4 顆

蒸煮洋蔥雞腿肉

作法

① 雞腿肉先用熱水燙過表面，去除雜質。

② 洋蔥切片或切絲（可更換喜歡的食材，如白蘿蔔等）。

③ 將全部食材放入電鍋中烹煮至熟（外鍋水量約 200ml），因雞腿肉較不易熟透，電鍋跳起可再燜 5 分鐘。若用筷子穿刺雞腿肉、確認沒有血水流出，代表已經熟透。

侯侯醫師 Tips

雞肉

★ 雞腿是雞隻全身上下運動最多的地方，口感結實、Q彈，富含熱量、蛋白質、與脂質，是很好的 BLW 食材。

★ 雞腿能讓寶寶盡情享受「撕咬」、「啃咬」的過程，因為本身富含油脂和香氣，不太需要加太多調味料，寶寶就會喜歡上雞腿的味道。

食材 Q&A

Q 整隻雞腿寶寶是否拿得住？

是否整隻棒腿，剛初學的寶寶可能抓不住，但進階幾個月的 BLW 寶寶可以輕易抓起（或兩手捧起）。如果要剛初學的寶寶手抓雞肉，小棒腿、手撕雞肉、雞里肌都是不錯的選擇。

蒸煮玉米佐排骨

備餐難易度 ●●○○○
啃咬難易度 ●●●●○
抓握難易度 ●●○○○

材料

- 玉米 1 根
- 排骨 約 100 克
  （視寶寶食量增減）
- 薑 少許

作法

① 將玉米剝去外皮，沖洗乾淨並切塊。
② 排骨切成塊狀（2～3 倍拇指寬），放入冷開水加熱至滾，轉小火續煮 3 分鐘，撈起。以開水沖洗掉表面雜質。
③ 將少許的薑切片洗淨。
④ 將汆燙過的排骨與切塊的玉米，加入少許薑片，放入電鍋烹煮（外鍋水量約 200ml）。

 食材 Q&A

Q 寶寶便便排出整粒玉米，正常嗎？

寶寶排便時，初期若出現整粒玉米時不需太緊張，是正常現象，待寶寶的消化能力因 BLW 而越加提升，漸漸就看不到（玉米粒）了。

Q 帶筋骨的肉寶寶吞的進去嗎？

肋排、腩排、排骨丁等若蒸到比較軟爛，寶寶是可以吃下去的。事實上，除了剛踏入 BLW 的寶寶，進階 BLW 的寶寶都可以順利吃下。

蒸煮雞腿肉配洋蔥

侯侯醫師 Tips

★ 玉米和排骨的質地，偏硬、有韌性，若 6 個月大初期 BLW 的寶寶咬不動，屬正常現象。一般等寶寶長出門牙後，咀嚼能力提升，即可開始咬得動，屆時玉米和排骨，會是訓練寶寶咬力及口腔肌力很好用的素材。

★ 當然，你若想讓初期的 BLW 寶寶一口就能咬下玉米和排骨，也可以增加烹煮時間，使其變得更軟來達成目的。

玉米

★ 適合整顆或切塊的玉米，剝下的玉米粒反而不適合，因為玉米粒形狀過小，不適合初期抓握。另外，塊狀的玉米，寶寶比較方便抓取，並且能執行「啃咬」的動作（玉米粒則不行），這「啃咬」的動作，可以促進口腔肌力的靈活，與腦神經發展。

排骨

★ 市面上也可以買到沒有骨頭的肉塊，讓寶寶抓來吃是 OK 的。至於本次示範為何選帶骨的排骨肉，原因是骨頭與肉的質地相差許多，寶寶在啃食的過程中，可以充分地訓練口腔肌肉與感覺統合，從骨頭上把肉啃下來，就是對口腔肌肉很棒的訓練。請放心，夠大塊的骨頭（大概是 2～3 倍拇指寬以上，方便寶寶執行啃咬動作），寶寶反而吞不下去，會自動將其吐出，反而風險較低；碎骨或切小的骨頭反而會增加寶寶吞下的風險。

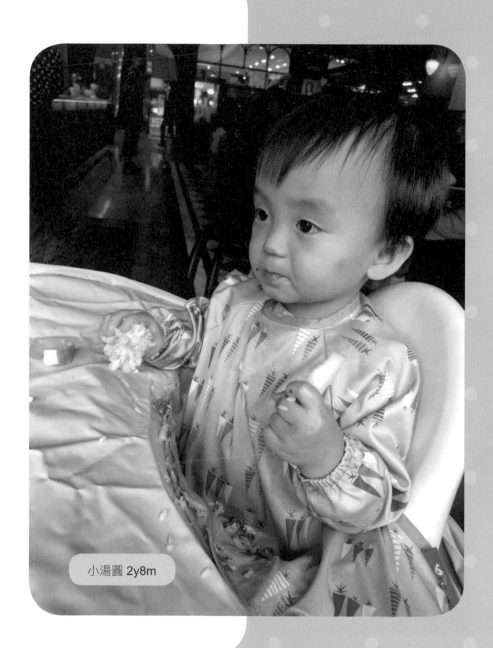

小湯圓 2y8m

三色蔬果總匯

備餐難易度 ●●●○○
啃咬難易度 ●●○○○
抓握難易度 ●●○○○

材料

• 櫛瓜 半條
• 牛番茄 1 顆
• 玉米筍 3 條
• 油 2 匙

三色蔬果總匯

作法

以下提供 2 種作法。

A
① 牛番茄、櫛瓜、玉米筍
洗淨。
② 櫛瓜切厚圓片（約 0.7
公分）、牛番茄切大塊
（約 1／4 塊），放入
電鍋烹煮（外鍋水量約
200ml）。

B
① 牛番茄、櫛瓜、玉米筍
洗淨。
② 先熱鍋，再放入 2 匙油
置於炒鍋快炒，櫛瓜與
玉米筍先下鍋，最後再
放入番茄，翻面拌炒至
熟透即可起鍋。

食材 Q&A

Q 為何不選用小番茄，而選用牛番茄呢？

因為小番茄的體積，比較偏向骰子食物，對於初學的
BLW 寶寶可能增加噎到風險，但咀嚼能力提升的進階
BLW 寶寶是可以食用小番茄的。

侯侯醫師 Tips

★ 寶寶如果手指抓力很好，咬力、食欲佳，櫛瓜及牛番茄可以切大片一點。

★ 油可以帶出食物的香氣，推薦橄欖油、葵花油、苦茶油等。

櫛瓜、大番茄、玉米筍

★ 食譜選用牛番茄、櫛瓜、玉米筍，在色澤上很顯眼（紅、綠、黃），寶寶可以清楚地辨別食物和記憶。另外，這些食材備餐也很方便，牛番茄和櫛瓜切片即可，玉米筍只需將外殼去乾淨即可。

★ 牛番茄、櫛瓜、玉米筍除了富含膳食纖維外，也都是富含維生素礦物質的食材，舉凡維生素 A、B_1、B_2、B_6、C、鈣、磷、鐵、鉀等都有。牛番茄和玉米筍的鉀含量特別豐富，有助於體內生理平衡。

★ 不過牛番茄、櫛瓜、玉米筍都屬於低熱量食物，所以建議搭配其他澱粉類食物來補充熱量，這樣寶寶才會有飽足感喔！

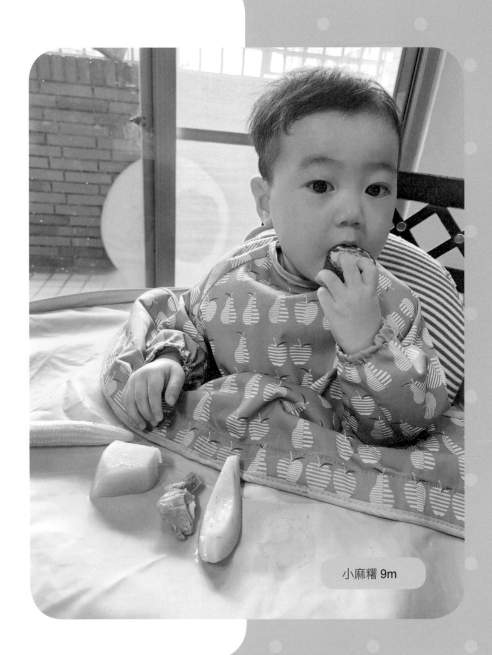

小麻糬 9m

里肌肉佐黃瓜片

備餐難易度 ●●●○○
啃咬難易度 ●●●●○
抓握難易度 ●●●○○

材料

• 小黃瓜 1 條
　或櫛瓜半條
• 豬里肌肉片 100g
• 黑胡椒（自選）
• 油 1 匙

作法

① 小黃瓜洗淨，切片或切滾刀狀。若是櫛瓜洗淨，切厚片（約 1 公分），再對切成 1 ／ 4 片大小（寶寶可以抓取的大小，不用過度細碎）。

② 豬里肌肉片，乾煎至 8 分熟程度。

③ 先熱鍋，再放入油 1 匙，將小黃瓜片放入鍋裡拌炒 2 分鐘，再加入里肌肉拌炒至熟透即可。

侯侯醫師 Tips

★ 若要加鹽，請注意 1 歲之前的寶寶，每天攝取的鹽不應超過 1 公克喔！

★ 若寶寶年紀較大，1 歲過後，想要增加風味，可加入少許黑胡椒，給予寶寶適當味覺刺激。

豬里肌肉片

★ 豬里肌肉搭配小黃瓜 / 櫛瓜片，是肉類與蔬菜類的綜合。里肌肉具有豐富的熱量、蛋白質、脂質，而小黃瓜 / 櫛瓜片則是富含維生素礦物質、膳食纖維。不過，因為小黃瓜 / 櫛瓜片熱量低，里肌肉只有適中的熱量，對於高熱量需求的寶寶，建議再另外補充澱粉類食物。

★ 烹調時，小黃瓜 / 櫛瓜片在拌炒時會需要加油，而豬肉因為會自己出油，烹調時可以不用加油。

★ BLW 料理的核心，除了讓寶寶吃得健康，也希望寶寶可以順利抓起送進嘴巴咀嚼、也訓練感覺統合，所以建議食物別剪太細碎喔！

里肌肉佐黃瓜片

時蔬烘蛋

備餐難易度 ●●●●○

啃咬難易度 ●●○○○

抓握難易度 ●●○○○

材料

- 秋葵 3 條
- 牛番茄 半顆
- 雞蛋 3 顆
- 橄欖油 2 匙

作法

① 秋葵洗淨後先以沸水汆燙 1 分鐘，撈起備用。

② 將燙好的秋葵、牛番茄切成片狀。

③ 鍋內放入 2 匙橄欖油，將蛋液打散。

④ 炒鍋開中火待鍋熱後，倒下蛋液，趁蛋液尚未凝固前，倒入切片秋葵、牛番茄，開小火持續加熱至定型後再翻面。

⑤ 待蛋液完全凝固、正反面都成型即可熄火，取出後切塊。

侯侯醫師 Tips

雞蛋

★ 雞蛋的熱量適中，也同時含有蛋白質、脂肪、維生素 A、B12、D、E 與礦物質，對於提供人類各個營養素很簡單與快速。

★ 雞蛋料理一直都是執行 BLW 的好用食材。不論是煎蛋、炒蛋、烘蛋，只要處理時不要弄太細碎，寶寶都很好抓取也很好咬食。

★ 烘蛋的內含物也可以換成其他食材，您也可以研發屬於自己的烘蛋料理唷！像是：添加甜椒、蘑菇、菠菜、胡蘿蔔都很好吃。

食材 Q&A

Q 過敏的寶寶可以吃蛋嗎？

食用蛋的初期，部分寶寶會有短暫過敏現象，這點其實不用太擔心，大部分的寶寶在幾天的身體內部機能調節後，就不會再過敏了。

Q 若持續有過敏現象如何處理？

舉例：第一天吃蛋發現過敏起疹子，之後可先少量給予，或是停三天再繼續提供。若照這樣的進程，大部分的寶寶起疹子、紅腫的狀況就會下降（因身體機能已經調節）；若有寶寶持續過敏一個月都沒有改善跡象，可以向兒科醫師就診諮詢。

●時蔬烘蛋

芋頭煎餅

材料

- 中筋麵粉 50 g
- 芋頭 1／4 顆
- 橄欖油 2 匙

備餐難易度 ●●●●○
啃咬難易度 ●●○○○
抓握難易度 ●●●○○

作法 ⋯⋯⋯⋯⋯⋯⋯⋯⋯⋯⋯⋯⋯⋯⋯⋯⋯⋯⋯⋯⋯⋯⋯⋯⋯⋯⋯⋯⋯⋯

1. 將芋頭洗淨、去皮、切塊後，放置於電鍋內，以外鍋加入 200ml 水蒸熟。
2. 趁熱將芋頭壓扁至細碎，加入麵粉拌勻。
3. 搓成直徑 3 ～ 4 公分的小圓球狀，隨後壓扁成厚度 1 公分的餅狀（大小厚度可彈性調整）。
4. 炒鍋開小火，加入 1 小匙橄欖油熱鍋，逐一將餅放入鍋中，煎至兩面金黃即可起鍋。

侯侯醫師 Tips

芋頭煎餅

芋頭

★ 芋頭的熱量算高，小孩吃了會有飽足感。另外，芋頭也含括了蛋白質、纖維素、維生素C、E、礦物質鉀、鎂等。光吃一份芋頭就可以補充各類的營養素了。

★ 這道料理是所有食譜中唯一使用麵粉的。因為香氣撲鼻，所以大小朋友都很喜愛，也很好抓食；但對於有麩質過敏體質的人，這道料理不宜多吃。

★ 煎餅內餡也可換成其他口味（如香蕉、番茄、蛋黃、地瓜），你可以自行發揮喔創意！

 **食材 Q&A**

Q 想吃出感覺統合，怎麼做？

食譜中示範的大小，大概與市售「車輪餅」類似。其實寶寶不一定能一手抓握，需「自己想辦法」，如可能需要兩手併用，可能需要把餅捧起來啃咬，甚至有孩子會自己把餅「撕」成小塊食用，但這正合乎我們想訓練孩子「感覺統合」的目的。如果寶寶眼前的食物，全都是「小小塊」、能一手抓取直接放入口中的程度，未免顯得太單調，反而阻礙了寶寶感覺統合進步的機會。

211

高麗菜佐甜椒

備餐難易度 ●●○○○
哨咬難易度 ●●○○○
抓握難易度 ●●○○○

材料
- 高麗菜 100g
- 黃／紅甜椒
  1／2 顆

作法

1. 將食材洗淨，高麗菜手剝或切成片狀，要注意底部跟內層是否有清洗乾淨。
2. 甜椒洗淨、去除蒂頭和內部的籽，再切成長條片狀。
3. 將所有食材放入電鍋中，外鍋加入 100ml 水蒸煮，等電鍋跳起後即可起鍋。（枸杞為點綴裝飾用、可加可不加。若想加入，先以飲用水泡 10 分鐘，再與食材一起進電鍋蒸煮即可。）

高麗菜佐甜椒

侯侯醫師 Tips

高麗菜

★ 高麗菜熱量很低，內含蛋白質、維生素 A、B1、B2、B6、C、E、礦物質鈉、鉀、鈣、鎂、鐵、鋅、磷，具有多元的營養素。最廣為人知的是富含膳食纖維，幫助寶寶腸胃消化機能。

甜椒

★ 甜椒熱量適中，蛋白質、脂肪、維生素礦物質應有盡有。最被人提起的是富含維生素 C 及 β- 胡蘿蔔素，β- 胡蘿蔔素被吃進人體後，會轉化為維生素 A，維持身體機能，另外 β- 胡蘿蔔素也有抗氧化、抗癌的功效。

食材 Q&A

Q 寶寶不愛吃蔬菜，是否持續提供？

每個寶寶對於蔬菜的反應不一，不用太過擔心，就算初期不喜歡吃菜，也不代表以後一定不想吃。透過食譜的解說，您會發現蔬菜所具有的膳食纖維與營養素，其實許多原型食物也都有，就算寶寶只挑特定幾樣原型食物吃，仍然可吸收到多元的營養素。

範例 ① 寶寶年齡 6 個月（剛開始 BLW）

	星期一	星期二	星期三
早餐	香蕉 炒蛋 蒸蘋果	蒸地瓜 水煮波菜 水煮蛋	鳳梨片 水煮馬鈴薯 蒸胡蘿蔔
午餐	蒸胡蘿蔔 蒸地瓜 香瓜片	牛番茄 橘子 蒸南瓜	蒸苦瓜 紫米飯糰 蒸芭樂
晚餐	無刺魚片 小飯糰 水煮洋蔥	水煮白麵條 花椰菜 蒸豆腐	烤地瓜 木瓜 蒸玉米筍

TIPS！

- 以上的每餐我會搭配「奶」，若寶寶初期食物亂吃一通，至少還有奶的營養當基底。若寶寶這時期已經吃得很好，不喝奶也是可以的。畢竟 BLW 是「寶寶主導式離乳法」，「離乳」是寶寶的最終目標。

- 奶可以是母奶或配方奶，自行選擇，量自行斟酌（我們家的經驗是一餐 100 ～ 180cc 內，不宜更多，否則會影響到

星期四	星期五	星期六	星期日
蒸蘋果 炒洋菇 蒸地瓜	蒸饅頭 蒸黃帝豆 水煮蛋	蒸南瓜 水煮高麗菜 蒸蛋	蒸芋頭 水煮冬瓜 香蕉
烘蛋 水煮蝴蝶麵 草莓	水煮紅豆 水煮小黃瓜 無刺魚片	奇異果 紫米飯糰 水煮櫛瓜	火龍果 蒸地瓜 炒蛋
蒸水梨 小飯糰 水煮蛋	花椰菜 蒸芋頭 水煮豆腐	蒸芭樂 水煮茄子 蒸牛番茄	無刺魚片 鳳梨片 蒸蓮藕

　　寶寶的胃口；奶量之後逐月遞減）。這時期的寶寶，我們不會在餐與餐間餵奶，即寶寶的用餐時間與大人同步。

● 寶寶可能是吃不完的，也可能在吃飯過程中挑掉某些食物，這都是在預期中。

● 盡量不放調味料。

BLW 一週菜單示範

範例 2 寶寶 1 歲（熟悉 BLW）

	星期一	星期二	星期三
早餐	地瓜 小肉包 水煮蛋	蒸菱角 炒蛋 蒸皇帝豆	烤地瓜 煎蘿蔔糕 無糖豆漿
午餐	燉雞翅 蒸甜椒 蒸玉米 米飯	水煮高麗菜 水煮洋蔥 無刺魚片 水煮蝴蝶麵	水煮地瓜葉 蒸筍子 水煮雞肉 米飯
下午點心	火龍果	堅果	芋頭煎餅
晚餐	煎牛肋排 米飯 水煮青江菜 水煮胡蘿蔔	燉排骨 炒洋菇 米飯 蒸牛番茄	棗子 水煮雞胸肉 煎杏包菇 蒸馬鈴薯

TIPS！

- 我們家庭的概念是——因為 1 歲後可能會銜接幼幼班或托嬰中心，所以開始出現下午點心（但並非必須）。1 歲前則沒有下午點心（睡覺時間長）。

- 我們遵循兒科醫學會的建議，1 歲後奶就不是必需品，再加上寶寶已經副食品吃得好，所以不提供奶當食物。

星期四	星期五	星期六	星期日
蒸蓮藕 香蕉 水煮蛋	水煮玉米 饅頭 起司片	無糖豆漿 蒸馬鈴薯 香蕉	蘋果 優格 蒸南瓜
水煮小白菜 水煮里肌肉 水煮蝦仁 水煮筆管麵	葡萄 水煮透抽 蒸排骨 糙米飯	糙米飯 橘子 水煮蛤蜊 水煮花椰菜	紫米飯糰 西瓜 煎雞里肌片 水煮空心菜
紅豆湯	綠豆湯	純米餅	香蕉煎餅
蒸花生仁 煎豬五花肉片 米飯 水煮絲瓜	水煮小黃瓜 蒸雞腿 水煮洋蔥 蒸地瓜	水煮櫛瓜 水煮白湯麵 炒蛋 燉排骨	煎五花肉片 烤杏包菇 水煮高麗菜 米飯

- 如果從 6 個月開始訊練 BLW 到 1 歲，正常固態食物都可以吃了，食材就不會刻意煮軟。

- 1 歲給予的菜色，基本上大人都可以一起吃，鼓勵親子同桌共食。

217

寶寶年齡 6 個月（剛開始 BLW）

	星期一	星期二	星期三
早餐			
午餐			
晚餐			

BLW 記錄筆記

星期四	星期五	星期六	星期日

BLW ｜ 一週菜單

寶寶 1 歲（熟悉 BLW）

	星期一	星期二	星期三
早餐			
午餐			
下午點心			
晚餐			

BLW 記錄筆記

星期四	星期五	星期六	星期日

● BLW 一週菜單

參考文獻

1.Giacomo Caio, et al. Effect of Gluten-Free Diet on Gut Microbiota Composition in Patients with Celiac Disease and Non-Celiac Gluten／Wheat Sensitivity. Nutrients. 2020 Jun; 12（6）：1832.

後記

故事還在繼續

此書，

融合了醫學、營養學、教養學、心理學……等等，

若沒有眾多專業人員、親友的幫忙，是無法完成的！

我很感謝以上我生命中的眾多貴人，

我也要感謝我的妻子，從頭到尾的支持我，

我更感謝上帝，讓 BLW 進入了我家庭，

改變我家寶寶的命運，也藉此影響更多的人。

小湯圓與小麻糬生來體態、個性就不同，

但因著 BLW，他們都各自健康地成長著，

從孩子不斷成長的過程中，

身為父親的我，也學習到更多，

孩子一直都是父母恩典的冠冕，

我們總是因著孩子的蛻變而感到喜悅。

我家的故事還在繼續，

也希望每一個你（讀者）與你可愛的寶寶，

你們的故事，

因著 BLW 帶來的幸福而繼續下去！

吃飯超輕鬆，一起BLW吧！

增進手眼協調、感覺統合能力，強化咀嚼能力，
促進牙齒、顱顏骨生長，降低過敏，好睡好健康！

作　　　者	侯政廷
選　　　書	林小鈴、陳雯琪
主　　　編	陳雯琪

行 銷 經 理	王維君
業 務 經 理	羅越華
總 編 輯	林小鈴
發 行 人	何飛鵬
出　　　版	新手父母出版
	城邦文化事業股份有限公司
	台北市南港區昆陽街 16 號 4 樓
	電話：(02) 2500-7008　傳真：(02) 2502-7676
	E-mail：bwp.service@cite.com.tw
發　　　行	英屬蓋曼群島商家庭傳媒股份有限公司城邦分公司
	台北市南港區昆陽街 16 號 5 樓
	讀者服務專線：02-2500-7718；02-2500-7719
	24 小時傳真服務：02-2500-1900；02-2500-1991
	讀者服務信箱 E-mail：service@readingclub.com.tw
	劃撥帳號：19863813
	戶名：書虫股份有限公司

香港發行所	城邦（香港）出版集團有限公司
	香港灣仔駱克道 193 號東超商業中心 1F
	電話：(852) 2508-6231　傳真：(852) 2578-9337
	E-mail：hkcite@biznetvigator.com
馬新發行所	馬新發行所／城邦（馬新）出版集團 Cite (M) Sdn Bhd
	41, Jalan Radin Anum, Bandar Baru Sri Petaling,
	57000 Kuala Lumpur, Malaysia.
	電話：(603)90563833　傳真：(603)90576622
	E-mail：services@cite.my

封面設計／鍾如娟
版面設計、內頁排版／鍾如娟
製版印刷／卡樂彩色製版印刷有限公司

2024 年 05 月 16 日初版 1 刷　　Printed in Taiwan
定價 450 元

ISBN：978-626-7008-80-5（平裝）
ISBN：978-626-7008-79-9（EPUB）

有著作權・翻印必究（缺頁或破損請寄回更換）

國家圖書館出版品預行編目 (CIP) 資料

吃飯超輕鬆，一起 BLW 吧！：增進手
眼協調、感覺統合能力，強化咀嚼
能力，促進牙齒、顱顏骨生長，降
低過敏，好睡好健康！／侯政廷著.
-- 初版. -- 臺北市：新手父母出版，
城邦文化事業股份有限公司出版：英
屬蓋曼群島商家庭傳媒股份有限公
司城邦分公司發行, 2024.05
　面；　　公分. -- (育兒通；SR0111)
ISBN 978-626-7008-80-5(平裝)

1.CST: 育兒
2.CST: 小兒營養
3.CST: 食譜

428.3　　　　　　113003925